Ziane Mohammed
M-Boudjemaa Boumediene
Leguerinel Ivan

Caractérisation, identification et étude de la thermorésistance

Ziane Mohammed
M-Boudjemaa Boumediene
Leguerinel Ivan

# Caractérisation, identification et étude de la thermorésistance

de souche de B. cereus isolées de semoule de couscous

**Presses Académiques Francophones**

**Imprint**

Any brand names and product names mentioned in this book are subject to trademark, brand or patent protection and are trademarks or registered trademarks of their respective holders. The use of brand names, product names, common names, trade names, product descriptions etc. even without a particular marking in this work is in no way to be construed to mean that such names may be regarded as unrestricted in respect of trademark and brand protection legislation and could thus be used by anyone.

Cover image: www.ingimage.com

Publisher:
Presses Académiques Francophones
is a trademark of
International Book Market Service Ltd., member of OmniScriptum Publishing Group
17 Meldrum Street, Beau Bassin 71504, Mauritius

Printed at: see last page
**ISBN: 978-3-8416-3495-5**

Zugl. / Agréé par: Tlemcen, Université de Tlemcen, Algérie, 2014

Copyright © Ziane Mohammed, M-Boudjemaa Boumediene, Leguerinel Ivan
Copyright © 2015 International Book Market Service Ltd., member of OmniScriptum Publishing Group
All rights reserved. Beau Bassin 2015

# TABLES DE MATIERE

| | |
|---|---|
| Liste des abréviations | i |
| Liste des tableaux | iii |
| Liste des figures | iii |

## INTRODUCTION GENERALE — 01

## I. INTRODUCTION BIBLIOGRAPHIQUE — 05

### I. 1. Les toxi-infections alimentaires — 06

| | | |
|---|---|---|
| I. 1. 1. | Germes impliqués dans les Toxi-infections Alimentaires | 07 |
| I. 1. 2. | Evolution des Toxi-infections Alimentaires en Algérie | 08 |
| I. 1. 3. | Importance de *B. cereus* dans les TIAC en Algérie | 12 |
| I. 1. 4. | Aliments incriminés dans les TIAC en Algérie | 13 |
| I. 1. 5. | TIAC associées aux produits amylacés contaminés par *B. cereus* | 14 |
| I. 1. 6. | Pouvoir toxinogène de *B. cereus* | 16 |

### I. 2. Les bacilles sporulés associés aux aliments amylacés — 18

| | | |
|---|---|---|
| I. 2. 1. | Contaminants bactériens dans la semoule | 18 |
| I. 2. 2. | *Bacillus* spp dans la semoule | 19 |
| I. 2. 3. | Origine des spores dans la semoule | 21 |

### I. 3. Procédés de Fabrication du couscous — 23

| | | |
|---|---|---|
| I. 3. 1. | Transformation du blé dur en semoule | 24 |
| I. 3. 2. | Technologie du couscous | 26 |
| | I. 3. 2. 1. *Préparation artisanale* | 27 |
| | I. 3. 2. 2. *Procédé Industriel de fabrication de la semoule de couscous précuite* | 29 |

## II. MATERIEL ET METHODES — 34

| | | |
|---|---|---|
| II. 1. | Prélèvement des échantillons de la semoule de couscous | 35 |
| II. 2. | Dénombrement de la flore aérobie sporulée mésophile dans les échantillons de la semoule de couscous | 36 |
| II. 3. | Obtention des isolats | 37 |
| II. 4. | Confirmation de la pureté des isolats | 38 |
| II. 5. | Conservation de souches et des spores | 38 |
| II. 6. | Identification et affiliation moléculaire de isolats | 39 |
| | II. 6. 1. Préparation de l'ADN génomique | 40 |
| | II. 6. 2. Amplification d'ADNr 16S | 42 |
| | II. 6. 3. Séquençage du gène *pan*C | 44 |
| II. 7. | Étude de la thermorésistance | 45 |
| II. 8. | Validation de la thermorésistance des spores dans la semoule de couscous | 47 |

| | | |
|---|---|---|
| II. 9. | Détermination des paramètres de la thermorésistance | 49 |
| II. 10. | Étude de la croissance de *B. cereus* dans le couscous | 50 |

## III. RESULTATS    52

| | | |
|---|---|---|
| III. 1. | Dénombrement de la flore aérobie sporulée mésophile dans les échantillons de la semoule de couscous | 53 |
| III. 2. | Obtention des isolats de la semoule de couscous | 54 |
| III. 3. | **Identification et affiliation moléculaire des souches de *Bacillus*** | 55 |
| | III. 3. 1.  Qualité de l'ADN | 55 |
| | III. 3. 2.  Amplification et séquençage de l'ADN 16S | 56 |
| | III. 3. 3.  Identification des iso!ats | 58 |
| | III. 3. 4.  Construction de l'arbre phylogénétique | 59 |
| | III. 3. 5.  Détermination de l'affiliation des souches de *Bacillus cereus* | 61 |
| III. 4. | **Thermorésistance des souches** | 61 |
| | III. 4. 1.  Etude de la thermorésistance des spores bactériennes | 61 |
| | III. 4. 2.  Validation de la thermorésistance des spores dans la semoule de couscous | 68 |
| III. 5. | **Paramètres de croissance de *Bacillus cereus* LMBc11 dans la semoule de couscous** | 69 |

## IV. DISCUSSION    74

## CONCLUSION GENERALE ET PERSPECTIVE    85

## REFERENCES BIBLIOGRAPHIQUES    89

## ANNEXES    105

# LISTE DES ABREVIATIONS

| | |
|---|---|
| °C | Dégrée Celsius |
| .ab | Extention de fichier « applix builder » |
| .rtf | Extention de fichier « rich text format » |
| ® | Marque enregistrée sur le registre officiel du pays |
| µl | Microlitre équivalent de $10^{-6}$ litre |
| µM | Micromolaire (micromole par litre) |
| ADNr | Acide désoxyribonucléique ribosomique |
| AFNOR | Association française de normalisation |
| AGCT biotech | Bases nucléiques (A. G. C. T) suivi par Biotechnology |
| AgriMer | Etablissement national des produits de l'agriculture et de la mer (France) |
| ARN | Acide ribonucléique |
| $a_w$ | Activité d'eau |
| BHI | Brain-heart infusion |
| BLAST | Basic Local Alignment Search Tool |
| Ca | Calcium |
| $CaCl_2$ | Chlorure de calcium |
| CDC | Centers for Disease Control (Canada) |
| cm | Centimètre |
| Cu | Cuivre |
| SYBR | |
| dATP | Deoxyadénosine triphosphate |
| dCTP | Deoxycytidine triphosphate |
| dGTP | Deoxyguanosine triphosphate |
| DHMPE-MSP | Direction d'hygiène du milieu et de la protection de l'environnement – Ministère de la santé publique (Tunisie) |
| dNTP | Désoxyribonucléotides |
| DO | Déclaration obligatoire |
| dTTP | Deoxythymidine triphosphate |
| EcoR1 | *Escherichia coli* souche R |
| EDTA | Ethylène Diamine Tétra Acétique |
| EFSA | European Food Safety Authority |
| FAO | Food and Agriculture organisation of the United Nations |
| FASTA | Fast Alignment Search Tool |
| Fe | Fer |
| FSAI | Food safety Authority of Ireland |
| g | Gramme |
| *g* | Gravité (en centrifugation) |
| gov | Government |
| h | Heure |
| Hind III | *Haemophilus influenzae* souche Rd |
| HPA | Health Protection Agency (England) |
| INSP | Institut national de la santé publique Algérien |
| InVS | Institut de veille sanitaire (France) |
| JORADP | Journal officiel de la république Algérienne démocratique et |

| | |
|---|---|
| | populaire |
| **JORF/LD** | Journal officiel de la république française/ligne directrice |
| **K** | Potassium |
| **kg** | Kilogramme |
| **Mg** | Magnésium |
| **min** | Minute |
| **mM** | Millimolaire (millimole par litre) |
| **MMWR** | Morbidity and Mortality Weekly Report (Canada) |
| **Mn** | Manganèse |
| **MnCl$_2$** | Chlorure de magnésium |
| **MnSO$_4$** | Sulfate monohydrate de manganèse |
| **MS/CAB/DP/SDPG** | Ministère de la santé/Cabinets/Direction de la prévention/Sous direction de la prévention générale |
| **ncbi** | National Center for Biotechnology Information |
| **ng** | Nanogramme |
| **nih** | National Institutes of Health |
| **nlm** | National Library of Medicine |
| **nm** | Nanomètre équivalent de $10^{-9}$ mètre |
| **NOR** | Norme |
| **NSW** | New South Wales |
| **org** | Organisation |
| **P** | Phosphore |
| **panC** | Pantothenate |
| **PCA** | Plate Count Agar |
| **PCR** | Polymerase chain reaction |
| **pH** | Potentiel hydrogène |
| **REM** | Relevé épidémiologique Mensuel (Algérie) |
| **S** | Svadberg |
| **SIFPAF** | Syndicat des industriels fabricants de pates alimentaires de France |
| **sp** | Espèce |
| **spp** | Pluriel de l'espèce |
| **ssp** | Sous espèce |
| **Taq** | *Thermus aquaticus* |
| **TIAC** | Toxi-infections alimentaires collectives |
| **TM** | à titre de marque ne nécessite pas d'être enregistrée |
| **Tris** | Hydroxymethylaminomethane |
| **TS** | Tryptone salt |
| **UFC** | Unité formant colonie |
| **UV** | Ultraviolette |
| **V** | Volte |
| **V/V** | Volume à volume |
| **Zn** | Zinc |

## LISTE DES TABLEAUX

| N° | Titre | Page |
|---|---|---|
| 1 | Bactéries incriminées dans les TIAC dans les pays du Maghreb et en France. | 08 |
| 2 | Aliments incriminés dans les toxi-infections alimentaires en Algérie en 2010 et 2011. | 14 |
| 3 | Caractéristiques des intoxications alimentaires associées à *Bacillus*. | 16 |
| 4 | Différentes espèces de *Bacillus* isolées des aliments à base de blé. | 19 |
| 5 | Composition chimique mentionnée sur l'étiquetage de la semoule de couscous. | 26 |
| 6 | Composition et concentration des solutions de PCR. | 42 |
| 7 | Dénombrement de la flore sporulée aérobie dans la semoule de couscous commercialisée dans la région de Laghouat. | 53 |
| 8 | Identification des souches de *Bacillus* isolées à partir de la semoule de couscous Algérienne après séquençage du gène 16S et *panC*. | 58 |
| 9 | Valeurs de $\delta$ (min), p, $z_T$ (°C) et $t4D_{90°C}$ (h) estimées pour les souches de *B. cereus* et *B. subtilis*; les températures s'étalent de 90 à 105°C. | 65 |

## LISTE DES FIGURES

| N° | Titres | Page |
|---|---|---|
| 1 | Incidence des TIAC en Algérie durant la période de 1999 à 2011. | 09 |
| 2 | Evolution des TIAC en fonction des saisons (source : INSP). | 11 |
| 3 | Diagramme de l'origine de contamination par les bactéries sporulées des aliments. | 22 |
| 4 | Diagramme industriel simplifié de fabrication de la semoule de blé dur. | 25 |
| 5 | Modalité de cuisson du couscous dans les pays du Maghreb. | 28 |
| 6 | Diagramme de préparation du couscous à partir de la semoule. | 28 |
| 7 | Ligne de production industrielle de couscous. | 30 |

| | | |
|---|---|---|
| 8 | Marques de la semoule de couscous utilisées dans cette étude et commercialisées dans la région de Laghouat (Algérie). | 36 |
| 9 | Schéma récapitulatif du plan d'expérience de traitement thermique des spores bactériennes. | 48 |
| 10 | Aspect des colonies de *Bacillus cereus* isolées de la semoule de couscous. | 54 |
| 11 | Observation microscopique des cellules végétatives et des spores de *Bacillus* spp. | 55 |
| 12 | Exemple du spectre d'Absorbance de l'ADN génomique de *Bacillus cereus* LMBc2. | 56 |
| 13 | Profil électrophorétique de fragments amplifiés de gène ribosomal 16S sur gel d'Agarose à 1%. | 57 |
| 14 | Arbre phylogénétique montrant la position des isolats obtenus à partir de la semoule de couscous algérienne établi sur la base de la comparaison des séquences de gènes d'ARN 16S de la base de données du NCBI. | 60 |
| 15 | Evolution de log N ($UFC.mL^{-1}$) en fonction du temps de traitement thermique pour *Bacillus subtilis* LMBc12. | 62 |
| 16 | Evolution de log N ($UFC.mL^{-1}$) en fonction du temps de traitement thermique pour *Bacillus cereus* LMBc5. | 63 |
| 17 | Evolution de log N ($UFC.mL^{-1}$) en fonction du temps de traitement thermique pour *Bacillus subtilis* LMBc7. | 63 |
| 18 | Evolution de log N ($UFC.mL^{-1}$) en fonction du temps de traitement thermique pour *Bacillus cereus* LMBc11. | 64 |
| 19 | Evolution de log N ($UFC.mL^{-1}$) en fonction du temps de traitement thermique pour *Bacillus cereus* LMBc2. | 64 |
| 20 | Sensibilité au traitement thermique des souches étudiées. | 67 |
| 21 | Cinétique de destruction de *Bacillus cereus* LMBc5 à 90°C dans la semoule de couscous. | 68 |
| 22 | Colonies de *Bacillus cereus* LMBc11 obtenu sur milieu Mossel suite à l'ensemencement par ensemenceur spiral. | 69 |
| 23 | Cinétique de croissance de *Bacillus cereus* LMBc11 dans la semoule de couscous à 30°C et à pH 6,7. | 70 |

# INTRODUCTION GENERALE

*Introduction générale*

Les toxi-infections alimentaires collectives (TIAC) déclarées ont vu une augmentation remarquable, cette dernière décennie. Comme il a été signalé par l'institut national de la santé publique de l'Algérie cette augmentation ne semble pas liée à la dégradation de l'état sanitaire mais plutôt à la performance et l'amélioration continuelle de système de surveillance et/ou de procédures de suivi. Cette amélioration du système de surveillance était aussi signalée par le rapport de la FAO (2005). Entre outre, malgré les efforts faits par l'Algérie dans ce contexte, le taux réel des TIAC semble supérieur à celui annoncé par les autorités compétentes. Comme indiqué dans ce même rapport, les symptômes gastroentériques ne sont pas considérés comme un problème sérieux pour la santé publique arabe. D'une part, cette considération amène à ignorer et à ne pas rechercher plusieurs pathogènes. D'autre part, ces syndromes gastroentériques sont associés à plusieurs pathogènes et/ou leurs toxines ne sont pas répertoriées dans les critères microbiologiques recherchés. Dans la majorité de TIAC, la détermination de l'agent causal généralement était basée sur la suspicion symptomatologique. Cela probablement a crée une confusion entre les agents incriminés et ceux suspectés. En 2011, les agents détectés en Algérie, étaient *Salmonella* ssp, *Listeria monocytogenes*, *Clostridium perfringens* et *Staphylococcus aureus* (Mouffok, 2011) avec 60% des TIAC dont l'agent causal est inconnu. Alors à l'instar des pays européens y a-t-il d'autres bactéries pouvant être incriminées dans les TIAC en Algérie ?

En France, *Bacillus cereus*, bacille ubiquitaire sporulée est considéré comme le troisième agent impliqué dans les TIAC. Parmi les cas notifiés à *Bacillus cereus*, 25% était associé à la consommation de la semoule et du

*Introduction générale*

couscous (Cadel et *al*., 2012). Ce taux semble être important pour un pays où la semoule de couscous n'est pas un aliment consommé majoritairement. Pour un pays consommateur de la semoule de couscous comme l'Algérie, le taux de TIAC dû à ce pathogène devrait être élevé. Surtout que les Algériens sont d'important consommateur de couscous avec une consommation moyenne de 50kg par habitant et par an (D'egidro et Pagani, 2010). Le couscous occuperait la troisième position parmi les aliments incriminés dans les TIAC en Algérie (Mouffok, 2011).

Les spores de *Bacillus cereus* ne sont pas affectées par de faibles activités d'eau dans la semoule du couscous mais sont cependant affectés par l'effet de la cuisson (estimé à 95°C). A cette température, les formes végétatives sont détruites contrairement aux formes sporulées qui peuvent être activées. Alors suite à leur germination, elles peuvent se développer dans le couscous après la préparation et la réhydratation.

Dans cette étude, nous déterminerons et identifierons la flore sporulée mésophile aérobie dominante de la semoule de couscous, nous évaluerons leur thermorésistance, déterminerons leur capacité de se développer dans la semoule de couscous afin de pouvoir prédire le niveau final de la contamination au moment de la consommation.

Pour atteindre nos objectifs, nous avons divisé ce travail en deux parties. La première partie bibliographique a été consacrée à faire un état des lieux des toxi-infections alimentaires collectives en Algérie et la place des bactéries sporulées dans ces TIAC et à l'importance des spores bactériennes dans la semoule de couscous. Ensuite nous avons présenté la technologie d'obtention de la semoule de couscous dans les productions artisanales et industrielles.

*Introduction générale*

La deuxième partie présentera la partie expérimentale de notre étude. Nous avons dénombré et recherché les spores bactériennes aérobies mésophiles dans la semoule de couscous. Après les avoir isolées elles ont été identifiées par le séquençage de gène 16S puis l'affiliation des souches de *Bacillus cereus* par le séquençage de gène *panC* a été déterminée. Enfin, la thermorésistance des souches ainsi que leur capacité à se développer dans le couscous ont été déterminées et quantifiées.

# I. INTRODUCTION BIBLIOGRAPHIQUE

*Introduction bibliographique*

## I. 1. Les toxi-infections alimentaires

Les toxi-infections alimentaires collectives (TIAC) sont des accidents aigus d'intoxication consécutifs à l'ingestion d'aliments contaminés par des bactéries ou par leurs toxines. Un foyer de TIAC est défini par l'apparition d'au moins deux cas groupés d'une symptomatologie similaire, en générale digestive, dont on peut rapporter la cause à une même origine alimentaire (Buisson et Teyssou, 2002).

Les toxi-infections alimentaires collectives ont fait l'objet de nombreuses études, de suivis épidémiologiques et de recherche des sources (aliments incriminés) et des agents responsables (microorganismes et/ou leurs toxines). Ces suivis consistent à collecter lors de ces toxi-infections toutes les informations aussi exhaustives que possibles (cf Annexe 1).

Comme en France, dans les pays de Maghreb, les TIAC sont des maladies à déclaration obligatoire.

En Algérie, la déclaration obligatoire des maladies (cf Annexe 2) est régie par l'arrêté N° 179/MS/CAB du 17/11/90 fixant la liste de maladies à déclaration obligatoire et les modifications de notification et la circulaire N° 1126/MS/DP/SDPG du 17/11/90 relative au système de surveillance des maladies transmissibles.

En France, la liste des maladies à déclaration obligatoire (DO) est fixée par le décret n°99-363 du 6 mai 1999. Le texte paru au JORF/LD, n° 110 du 13 mai 1999, page 07096, NOR : MESP9921293D.

Au Maroc, la déclaration des maladies est réglementée par le décret Royal N° 554-65 du 17 Rabie I 1387 (26 Juin 1967) et dont les modalités d'application sont fixées par l'arrêté ministériel N° 683-95 du 30 Chaoual 1415 (31 Mars 1995) et ses modificatifs.

En Tunisie, la maladie transmissible doit être déclarée à l'autorité sanitaire conformément à l'article N° 8 de la loi N° 92-71 du 27 juillet

*Introduction bibliographique*

1992, modifiée et complétée par la loi n° 2007-12 du 12 février 2007, relative aux maladies transmissibles. La liste des maladies à déclaration obligatoire est fixée par la loi N° 92-71 du 27 juillet 1992.

Par ailleurs, les germes à rechercher ne sont pas détaillés dans cette liste. Cependant, les agents recherchés sont ceux exigés dans les critères microbiologiques. Souvent l'agent est déterminé suivant une suspicion symptomatologique.

## I. 1. 1. Germes impliqués dans les toxi-infections alimentaires

Plusieurs bactéries et/ou leurs toxines sont impliquées dans les toxi-infections alimentaires (cf Tableau 1). De ce fait, on peut classer les intoxications alimentaires selon qu'elles soient à symptomatologie neurologique ou vasomotrice ou à symptomatologie digestive (INSP, 2010). D'autre part, les germes producteurs de toxines peuvent être sous forme végétative (sensible à la température) ou sporulée (résistante à la température). Les bactéries sporulées sont plus persistantes dans les conditions hostiles de transformation ou de préparation. Par conséquent, elles peuvent être responsables des TIAC associées à des produits considérés par les consommateurs sûrs et présentant peu de risques sanitaires.

**Tableau 1 : Bactéries incriminées dans les TIAC dans les pays du Maghreb et en France (Zweifel et al., 2004, INSP, 2010).**

| Germe | Forme | Production des toxines | France | Pays du Maghreb | Facteurs de contamination | Symptômes |
|---|---|---|---|---|---|---|
| *Clostridium botulinium* | Sporulée | + | + | + | Conserves familiales mal stérilisés | N/V |
| *Salmonella* | Végétative | + | + | + | Aliments peu ou pas cuits (viandes, volailles, œufs, fruits de mer) | D |
| *Staphylococcus aureus* | Végétative | + | + | + | Lait et produits laitiers, crème pâtissière, mayonnaise | |
| *Shigella* | Végétative | + | + | + | Aliments peu ou pas cuits | |
| *Escherichia coli* | Végétative | + | + | + | Viandes, volailles, lait cru, eau non chlorée | |
| *Clostridium perfringens* | Sporulée | + | + | + | Plats cuisinés la veille (viande en bouillon, sauces) | |
| *Campylobacter jejuni* | Végétative | + | + | + | Volailles viandes rouges, lait non pasteurisé | |
| ***Bacillus cereus*** | Sporulée | + | + | - | | |

(+) : recherchée ; (-) : non recherché ; (N/V) : Symptômes neurologiques ou vasomotrices ; (D) : Symptômes digestives.

## I. 1. 2. Evolution des Toxi-infections Alimentaires en Algérie

En Algérie, le nombre total de foyers déclarés est plus de 82 foyers avec 2807 personnes touchées dont 5 décédées durant l'année 2011 (Mouffok, 2011). Cette année 2011 était caractérisée par une augmentation des TIAC par rapport à l'année précédente, 2010 (cf figure 1).

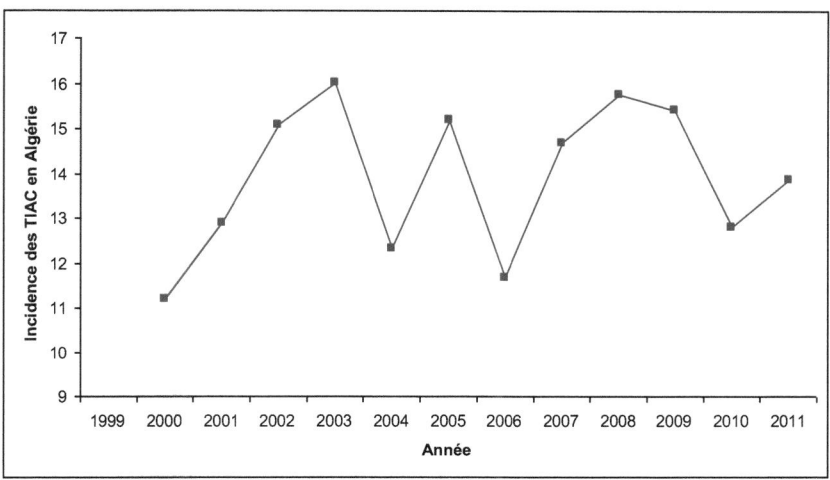

**Figure 1 : Incidence des TIAC en Algérie durant la période de 1999 à 2011 (source INSP).**

Avant l'an 2000, en Algérie l'enregistrement des TIAC ne paraissait pas comme une priorité, la fragilité du système de surveillance et de gestion des risques alimentaires était liée à l'instabilité politique qu'a connue l'Algérie durant les années 90. A partir de 2000, la notification des TIAC a vu une augmentation passant de 11,2 à 16,01 cas par 100000 habitants en 2003. Cela est dû probablement à la reprise du système de surveillance qui a permis de détecter de nombreux cas de TIAC survenues. Cependant, l'émergence de nouveaux pathogènes et/ou cas de TIAC n'a aucune relation avec l'augmentation de taux des TIAC enregistrées.

Par ailleurs, la période de 2004 à 2007 se caractérise par de fortes variations des taux de TIAC enregistrées d'une année à une autre. Cependant, durant la période de 2007 à 2009, le taux des TIAC se stabilise autour de 15,29 cas par 100000 habitants. En 2010 et 2011, les TIAC ont atteint des taux de 12,8 et 13,87 cas par 100000 habitants respectivement

(REM, 2011). Ces taux de TIAC ont été notifiés en milieu familial (40%) et en restauration collective (60%) (Mouffok, 2011).

La wilaya d'Illizi (Sud de l'Algérie) est la plus touchée (278,85 cas / 100000 habitants) suivie par Ghardaïa (109,96 cas/100000 habitants) puis Nâama (93,92 cas/100000 habitants) (REM, 2011). Ces trois willayas sont situées dans le Sud Algérien. En effet, les willayas du Sud et des hauts plateaux sont fortement touchées et ont notifié des taux régionaux plus élevés (source : INSP). Par exemples les willayas d'Illizi, Naâma, M'Sila, Ouargla, Ghardaïa, El Bayadh, Tindouf, Tamanrasset et Tissemsilt étaient toujours retrouvées parmi les trois premières wilayas touchées par les TIAC. Entre outre, les wilayas côtières ont aussi notifié des taux élevés des TIAC notamment en période estivale. Cependant, toutes les autres wilayas de la république ont notifié des cas de TIAC à des taux faibles.

Comme montre la figure 2, l'augmentation du nombre de TIAC déclarées était observée durant la période estivale quand la demande des repas rapides et la consommation hors foyer augmentent. La non prise de conscience des consommateurs à respecter la chaine de froid, l'insuffisance des conditions d'hygiènes et les températures ambiantes élevées comptent parmi les principaux facteurs favorisant la présence et la multiplication des pathogènes.

*Introduction bibliographique*

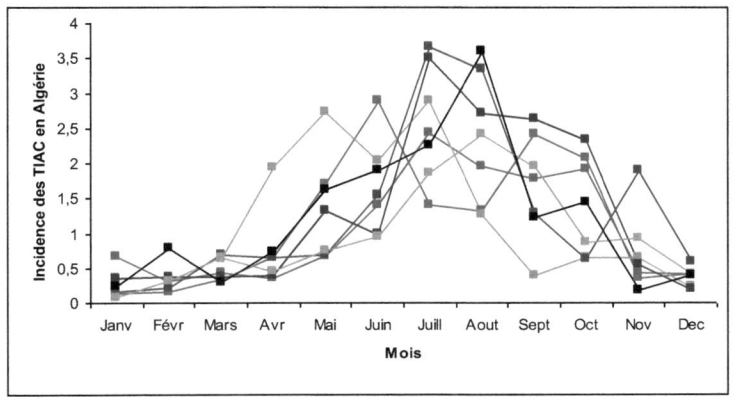

**Figure 2 : Evolution des TIAC en fonction des saisons (source : INSP).** ■ 2011, ■ 2010, ■ 2009, ■ 2008, ■ 2007, ■ 2006, ■ 2005.

En Tunisie, les 121 foyers de TIAC déclarés de Janvier 2010 à Novembre 2011, ont fait état de 1244 victimes (source : DHMPE-MSP). Au Maroc, en total 1070 cas de TIAC ont été enregistrés en 2011 (Hammou et *al*., 2012). Le nombre de cas réel est certainement en dessus de celui enregistré malgré l'existence d'un système de surveillance des maladies d'origine alimentaire adéquat (FAO, 2005 ; FAO, 2005a). Cela peut être dû aux contraintes techniques liées aux moyens de transport et de communication.

Les agents impliqués dans les TIAC dans les pays du Maghreb sont *Salmonella* ssp, *Staphylococcus aureus*, *Listeria monocytogenes* et *Clostridium Perfringens* (Aoued et *al*., 2010 ; Mouffok, 2011 ; Anonyme, 2011).

En France, 1153 foyers de toxi-infections alimentaires collectives (TIAC) ont été déclarés en 2011, affectant 9674 personnes, dont 7 sont décédées. Le nombre de foyers déclarés en 2011 a augmenté de 12% par rapport à 2010 (INVS, 2011). L'agent responsable le plus fréquemment incriminé ou suspecté était l'entérotoxine staphylococcique (33% des foyers), les salmonelles (17% des foyers), *Bacillus cereus* (17%) et *Clostridium perfringens* (11%) (INSV, 2011).

Dans notre étude nous nous sommes intéressés aux bactéries sporulées impliquées dans les TIAC à syndrome gastrique. *Clostridium perfringens* est une bactérie anaérobie impliquée généralement dans les TIAC liées à la viande et les produits carnés (Andersson et *al*., 1995). Elle ne se développe pas à la surface. En revanche, *Bacillus cereus* est associé à plusieurs intoxications alimentaires liées aux produits amylacés, aux légumes et aux fruits (Cadel et *al*., 2012).

## I. 1. 3. Importance de *B. cereus* dans les TIAC en Algérie

Plusieurs pays ont enregistré des cas d'intoxication lié à l'ingestion de *Bacillus cereus*. En effet, les États Unis et l'Angleterre ont enregistré 235 cas (MMWR, 2013) et 130 cas (HPA, 2012) respectivement dans la même période de 1998 à 2008. En Europe, 124 (2.2%) des cas d'intoxication dus à l'ingestion de *Bacillus* ssp. ont reporté pour 11 pays membres de l'union Européenne en 2009 (FSAI, 2011).

En France, cette bactérie est considérée comme la troisième cause (17% des cas) de TIAC (Delmas et *al*., 2010). Par contre dans les pays du Maghreb, étant non recherché, aucun cas associé à ce pathogène n'a été enregistré (REM, 2009, Mouffok, 2011). Cependant deux cas -suspectés épidémiologiquement d'après les symptômes ont été causés par *B. cereus* à Bizerte – Tunisie (2010-2011) (Anonyme, 2011).

En outre, certains travaux ont identifié des souches de *Bacillus cereus* à partir d'aliments incriminés dans les intoxications surtout au Maroc (Merzougui et *al*., 2013) et en Tunisie (Aouadhi et *al*., 2013).

Par ailleurs, Al-Abri et *al.* (2011) ont isolé des souches de *Bacillus cereus* incriminés dans des TIAC à Oman.

À l'instar de la France, en Algérie *Bacillus cereus* peut être déjà la cause de plusieurs cas de TIAC parmi les 60% des cas dont l'agent est inconnu. Les signes cliniques liés à l'ingestion de *B. cereus* et/ou leurs toxines : entéro-gastrique et trouble de système nerveux central et périphérique, semblent être semblables à celles de *Staphylococcus aureus*. En plus des lacunes législatives, les médecins peuvent confondre avec les signes cliniques des autres TIAC. Dans les pays arabes, les syndromes diarrhéiques et de vomissement ne sont pas répertoriés car ils ne sont pas considérés comme un problème sérieux en santé publique (FAO, 2005 ; FAO, 2005a). Par conséquent, *B. cereus* ou d'autres germes incriminés échappent de la détection.

En Algérie, 60% de cas dont l'agent causal est inconnu à cause des lacunes législatives ou techniques. Certaines bactéries comme *Bacillus cereus* ne figurent pas dans la liste des germes recherchés causant les TIAC (cf Annexe 2) et même de critères microbiologiques surtout dans les céréales et graines ainsi que les produits de mouture (JORADP, 1998). En France, dans 36.5% des foyers aucun agent n'a été retrouvé ou recherché entre 2006 et 2008 (Delmas et *al.*, 2010).

## I. 1. 4. Aliments incriminés dans les TIAC en Algérie

Comme le montre le tableau 2, les aliments incriminés dans les TIAC déterminés en Algérie sont le couscous, les eaux, le lait et les produits laitiers, les œufs, les pâtisseries ainsi que les viandes et les produits carnés. Le couscous, le plat plus consommé en Algérie est classé en troisième rang des aliments incriminés avec 13 et 14% en 2010 et 2011 respectivement. Il est aussi associé à plusieurs cas de TIAC déclarés au Nord de l'Afrique

(Benkadour, 2002; Belomaria et *al.*, 2007; Aoued et *al.*, 2010), en France (Haeghebaert et *al.*, 2002) et au Canada (CDC, 2000).

Les germes recherchés sont ceux régis par les critères microbiologiques (cf Annexe 3) et/ou cités dans la liste des maladies à déclaration obligatoire en fonction de produit incriminé.

**Tableau 2 : Aliments incriminés dans les toxi-infections alimentaires en Algérie en 2010 et 2011 (Mouffok, 2011).**

| Aliments incriminés | 2010 | 2011 |
|---|---|---|
| Viandes et produits carnés | 46 | 47 |
| Pâtisseries | 15 | 17 |
| Couscous | 13 | 14 |
| Lait et produits laitiers | 12 | 11 |
| Œufs | 08 | 07 |
| Eaux | 06 | 04 |
| Total | 100% | 100% |

## I. 1. 5. TIAC associées aux produits amylacés contaminés par *B. cereus*

De nombreux travaux ont montré l'implication de *B. cereus* dans les intoxications après la consommation des pates alimentaires (Mahler et *al.*, 1997 ; Agata et *al.*, 2002 ; Jääskeläinen et *al.*, 2003; Pirhonen et *al.*, 2005, Logan, 2011) et produits déshydratés (Gilbert et *al.*, 1974 ; Parry et *al.*, 1980 ; Te Giffel and Beumer, 1999 ; Benkadour, 2002 ; Dierick et *al.*, 2005 ; Duc et *al.*, 2005 ; Padilla et *al.*, 2006 ; Ouarsas et *al.*, 2008 ; Delmas et *al.*, 2010).

*B.cereus* est le plus souvent décrit comme agent de toxi-infection alimentaire liée à la consommation des végétaux, produits amylacés et les plats réfrigérés (Yusuf et *al.*, 1992 ; Rusul et Yaacob, 1995 ; Salkinoja-Salonen et *al.*, 1999 ; Sarrias et *al.*, 2002 ; Guinebertière et *al.*, 2003 ; Lake et *al.*, 2004 ; Haque et Russell, 2005 ; Svensson et *al.*, 2006 ; Valero et *al.*,

2007 ; Stenfors Arnesen et *al.*, 2008 ; Brychta et *al.*, 2009 ; Al-Abri et *al.*, 2011 ;. Valerio et *al.*, 2012).

Durant la période 2006-2010, la France a enregistré 390 cas juste pour la consommation de semoule contaminée par *B.cereus* (Cadel et *al.*, 2012). Cette espèce bactérienne est impliquée dans 53% des cas d'intoxication dus à la consommation des pâtes (dont 25% avec la semoule ou couscous), entre 2006 et 2010 (Cadel et *al.*, 2012).

*B. cereus* est impliqué dans la production de deux toxines distinctes responsables de symptômes diarrhéiques ou émétiques (Lake et *al.*, 2004). Les syndromes émétiques sont associés généralement à la consommation de produits amylacés, par contre les symptômes diarrhéiques sont liés généralement aux aliments riches en protéines (Schoeni et Wong, 2005).

D'autres bacilles sporulés peuvent être à l'origine de syndromes diarrhéiques et émétiques comme *Bacillus lichenoformis*, *Bacillus subtilis*, *Bacillus pumilus* (Griffiths, 1995 ; Peypoux et *al.*, 1999 ; Dierick et *al.*, 2005 ; EFSA, 2005 ; Pavic et *al.*, 2005 ; Logan, 2011) et *Bacillus thuringiensis* (Jackson et *al.*, 1995). Le tableau 3 montre les différentes toxines produites par *Bacillus* sp. Par ailleurs, *Bacillus licheniformis*, *Bacillus subtilis et Bacillus pumilus* sont connus pour leur production de toxines : la lichenysine A (Mikkola et *al.*, 2000), le surfactant (Peypoux et *al.*, 1999; Hoornstra et *al.*, 2003) et les lipopeptides pumilacidines (From et *al.*, 2007) respectivement.

**Tableau 3 : Caractéristiques des intoxications alimentaires associées à *Bacillus* sp (Griffiths, 1995 ; Stenfors Arnesen et *al.*, 2008).**

|  | Espèces de *Bacillus* | | | | |
|---|---|---|---|---|---|
|  | *B. cereus* | *B. subtilis* | *B. licheniformis* | *B. pumilus* | |
| Syndrome | Diarrhéique | Émétique | nc* | nc | nc |
| Toxines | Hbl, Nhe, CytK | Céreulide | nc | type céreulide | nc |
| Types de toxines | Protéine | Peptide | nc | Peptide | nc |
| Taux de contamination des aliments impliqués (UFC/g) | $>10^5$ | $>10^5$ | $>10^6$ | $>10^6$ | $>10^6$ |
| Période d'incubation (h) | 8-16 | 1-5 | 0.2-14 | 2-14 | 0.25-11 |
| Durée de la maladie (h) | 12-14 | 6-24 | 1.5-8 | 6-24 | nc |
| Symptômes | | | | | |
| Vomissements | +/- | + | + | +/- | + |
| Diarrhées | + | +/- | +/- | + | + |
| Crampes d'estomac | + | +/- | +/- | +/- | nc |
| Nausées | +/- | + | +/- | - | + |

* Non communiqué

## I. 1. 6. Pouvoir toxinogène de *B. cereus*

Les deux principales toxines reconnues dans les TIAC sont celles responsables des syndromes diarrhéiques et émétiques :

### *La Toxine diarrhéique*

Quatre différentes entérotoxines ont été citées par Guinebertière et *al.* (2002) : deux constituent le complexe protéinique (hémolysine BL (HBL) et l'entérotoxine non-hémolytique (NHE), les deux autres entérotoxines T (bc-D-ENT) et la cytotoxine K. La toxine est produite dans l'intestin durant le développement de *B. cereus* (Carlin et *al.*, 2000). Elle est complètement inactivée par le chauffage à 56 °C pendant 5 mn et dénommée pour cette raison toxine thermolabile (Bourgeois et Larpent, 1996).

*Introduction bibliographique*

En raison de sa sensibilité aux températures tièdes et aux enzymes protéolytiques, la toxine diarrhéique n'est que rarement directement à l'origine d'intoxications (Bourgeois et Larpent, 1996). L'autre raison est que le nombre de bactéries nécessaires pour produire des quantités significatives de toxine dans l'aliment est tellement élevé qu'il rendraient l'aliment inacceptable pour la consommation (Lake et *al*., 2004).

Le premier symptôme lié à cette toxine est généralement une diarrhée abondante, accompagnée de douleurs et de crampes abdominales qui apparaissent 8 h à 16 h (10 h en moyenne) après l'ingestion de l'aliment contaminé, et, plus rarement, de vomissements et de la fièvre (Sutra et *al*., 1998). Les symptômes disparaissent en moins de 24 heures (Bourgeois et Larpent, 1996), sans accompagnement thérapeutique (Sutra et *al*., 1998).

### *La Toxine émétique*

Les toxines émétiques sont formées dans l'aliment (Carlin et *al*., 2000). Elles sont produites de façon optimale à 30°C. Elles sont mises en évidence à partir d'une charge microbienne de $10^5$ UFC/g de produit (anonyme, 2015). Agata et *al*. en 1995 ont purifié la toxine émétique et l'ont identifiée comme étant un dodécadepsipeptide cereulide.

Les intoxications surviennent à la suite de l'ingestion d'aliments contenant la toxine préformée (Sutra et *al*., 1998). La période d'incubation varie de 6 à 16 h (Notermans et *al*., 1998). Le malade est pris de nausées et de vomissements accompagnés de crampes, de douleurs abdominales, et de diarrhée pour environ un tiers des cas. Aucun traitement médical n'est généralement requis (Sutra et *al*., 1998). La guérison est rapide, mais des complications sont toujours à craindre chez les individus fragiles (insuffisances cardiaques, enfants, vieillards, malades hospitalisés…) (Bourgeois et Larpent, 1996).

Les risques liés à l'ingestion de *Bacillus* ssp et/ou leurs toxines (et surtout *Bacillus cereus sensu stricto*) dans les aliments dépendent fortement de la biodiversité des *Bacillus*, du niveau de contamination et des modalités de préparation des aliments. C'est ce qui a notamment suscité l'intérêt de cette étude qui porte sur le couscous.

## I. 2. Les bacilles sporulés associées aux aliments amylacés

Les aliments amylacés sont les plus consommés au monde dont la plus grande partie produite provient des céréales (blé, riz, maïs…) puis viennent les racines et tubercules (FAO, 1996). Le blé dur est le plus consommé dans le monde avec 67.5kg par habitant en 2011 (FAO, 2011). Les pays d'Afrique du Nord et d'Asie sont parmi les premiers consommateurs de blé. L'Algérie se classe en deuxième rang après la Tunisie avec une consommation de presque 240kg par habitant et par an (FAO, 2014).

Le blé dur est un aliment qui se caractérise par une activité d'eau faible (0.10-0.20) (NSW, 2008) ce qui inhibe la croissance des microorganismes mais des bactéries sporulées peuvent être présentes sous forme de spores à ce niveau d'activité.

## I. 2. 1. Contaminants bactériens dans la semoule

La plupart des données bibliographiques concernant les recherches bactériennes réalisées dans le blé dur ont concerné les flores d'intérêt technologique (bactéries lactiques…) à savoir les travaux de Spicher (1959) ; Boraam et *al.* (1993) ; Faid et *al.* (1994) ; Rosenquist et Hansen (2000), les flores indicatrices d'hygiène comme les Coliformes (Berghofer et *al.*, 2003), *E. coli* (Spicher, 1986 ; Berghofer et *al.*, 2003 ; Aydin et *al.*,

2009), les Streptocoques fécaux (Rogers et Hasseltine, 1978 ; Spicher, 1986) et *Staphylococcus aureus* (Spicher, 1986).

Les bactéries sous forme végétative sont généralement éliminées durant la transformation du blé en pâtes alimentaires ou en semoule de couscous, cependant, les bactéries sporulées survivent aux process et peuvent se développer dans le produit quand l'$a_w$ devient supérieur à 0,60. Les sporulés anaérobies (*Clostridium*) sont en général moins étudiés dans les aliments à base de céréales, en raison de leur voie respiratoire anaérobie. Néanmoins, le dénombrement des *Clostridia* sulfito-réducteurs à 46°C est mentionné parmi les critères microbiologiques de céréales, graines et produits de moutures en Algérie (JORADP N° 35, 1998).

Les bactéries du genre *Bacillus* bien que non systématiquement recherchés sont fréquemment rencontrées dans les aliments à base de céréales telles que les pâtes alimentaires, couscous ou riz.

## I. 2. 2. *Bacillus* spp dans la semoule

De nombreux travaux ont rapporté la présence de *Bacillus* dans les pâtes alimentaires (Ponce et *al*., 2002 ; Valero et *al*., 2002 ; Rosenquist et *al*., 2005), riz (Gilbert et *al*., 1974 ; Johnson et *al*., 1984; Ueda, 1994 ; Sarrias et *al*., 2002), la semoule (Rogers, 1978 ; Rosenkvist et Hansen, 1995 ; Fang et *al*., 1997 ; Hansen et Knochel, 1999 ; Berghofer et *al*., 2000 ; Sorokulova et *al*., 2003 ; Berghofer et *al*., 2003 ; McSpadden, 2004 ; De Vuyst et neysens, 2005 ; Laca et *al*., 2006 ; Chitov et *al*., 2008 ; Lee et *al*., 2009 ; Akpe et *al*., 2010 ; Samapundo et *al*., 2011 ; Valerio et *al*., 2012 ; Di Biase, 2013) et l'attiéké : couscous à base de manioc (Assanvo et *al*., 2006; Coulin et *al*., 2006 ; Djeni et *al*., 2011).

Comme le montre le tableau 4, plusieurs espèces de *Bacillus* ont été isolées à partir des aliments à base de blé dur. Les espèces bactériennes fréquemment rencontrées sont *Bacillus cereus*, *Bacillus licheniformis*, *Bacillus subtilis* et *Bacillus amyloliquefaciens*. Valerio et *al.* (2012) ont étudié la contamination de semoule de blé dur par les spores bactériennes, 56.1 % des isolats sont identifiés comme appartenant à l'espèce *Bacillus amyloliquefaciens*. D'autres espèces ont été isolées à partir de semoule et ses dérivés avec une prédominance de *Bacillus cereus* représenté dans la plupart des échantillons analysés (cf tableau 4).

Tableau 4 : Différentes espèces de *Bacillus* isolées des aliments à base de blé.

| Espèces | Aliments | % | Comptage (ufc/g) | Références |
|---|---|---|---|---|
| Spores aérobie | Blé dur | >50 | $10-10^2$ | Rogers et Hasseltine (1978) |
|  | Semoule moutué | ND | $5-10^3$ | Spicher (1986) |
| B. cereus | Farine de blé | ND | $0.5-3.5\ 10^3$ | Chitov et *al.* (2008) |
|  | Noodles | ND | $0.5-1.5\ 10^2$ |  |
|  | Sourdough | ND | ND | De Vuyst and Neysens (2005) |
|  | Semoule de blé | 31 | ND | Valerio et *al.*, 2012 |
|  | Blé dur | >60 | $10-10^2$ | Daczkowska-Kozon et *al.* (2009) |
|  | Pain | 2 | $10-10^2$ | Rosenkvist et Hansen (1995) |
|  | Céréales | ND | 3-93 | Fang et *al.* (1997) |
|  | Plats prêts | ND | $30-10^3$ | Lee et *al.* (2009) |
|  | céréales | 92 | $10^4$ | Yusuf et *al.* (1992) |
| B. licheniformis | Semoule de blé | 12 | ND | Valerio et *al.* (2012) |
|  | Pain | 24 | $10-10^2$ | Rosenkvist et Hansen (1995) |
| B. subltilis | Semoule de blé | 6 | ND | Valerio et *al.* (2012) |
|  | Pain | 70 | $10-10^2$ | Rosenkvist et Hansen (1995) |
| B. amyloliquefaciens |  | 54 | $10^2$ | Valerio et *al.* (2012) |
| B. pumilus | Pain | 2 | $10-10^2$ | Rosenkvist et Hansen (1995) |
| .B. mycoides | céréales | 8 | $10^3$ | Yusuf et *al.* (1992) |
| Autres espèces (11) | Semoule de blé | ND | ND | Valerio et *al.* (2012) |

ND : non déterminé

*Bacillus* se trouve à différentes concentrations dans les pâtes et les semoules. Certains auteurs ont rapporté leur présence à de faibles concentrations ($10^2$ spores/g) (Rogers, 1978; Spicher, 1986; Rosenkvist et Hansen, 1995 ; Berghofer et *al.*, 2000, 2003). Cependant, d'autres auteurs ont rapporté des concentrations supérieurs à $10^2$ spores/g (Yusuf et *al.*, 1992 ; Chitov et *al.*, 2008 ; Valerio et *al.*, 2012).

*Bacillus cereus* est un contaminant de la semoule et des pâtes alimentaires avec un pourcentage de 18.9% à 93% de prévalence. *B. cereus* produit une amylase, ce qui lui permet de se développer dans les produits amylacés ce qui explique sa forte prévalence (Sivakumar et *al.*, 2012).

## I. 2. 3. Origine des spores dans la semoule

La microflore du couscous peut être apportée par la matière première à partir de contamination par le sol, culture et conditions de process (Saalovara, 1984 ; Sorokulova et *al.*, 2003). Le sol est une importante source de bactéries sporulées (Carlin, 2011). Par conséquent la contamination par le sol du blé dur est inévitable, soit au cours de la récolte, soit au cours de la culture. Les bactéries du sol se déposent sur la couche externe des grains de blé dur. Les bactéries sont ensuite susceptibles de passer du son vers la semoule durant le broyage des grains de blé (Berghofer et *al.*, 2003 ; Valerio et *al.*, 2009).

Pendant la mouture, les opérations de broyage et de tamisage créent une quantité considérable de chaleur, par conséquent, la condensation de l'humidité dans les rouleaux de rupture, et le tamis peut parfois conduire à l'accumulation de résidus de farine à l'intérieur de l'équipement et les *Bacillus* sont connus pour leur capacité à former des biofilms. Les *Bacillus* adhérent aux surfaces des équipements puis contaminent d'autres produits. A la sortie du process, le niveau de contamination peut être amplifié surtout

*Introduction bibliographique*

durant le stockage et l'utilisation du produit et/ou par les ingrédients ajoutés au moment de la consommation. Cependant, la charge des contaminants semble diminuer après le process de transformation en pâte alimentaire et/ou semoule de couscous (Berghofer et *al.*, 2003 ; Valerio et *al.*, 2009). Cependant la présence des spores bactériennes est toujours signalée.

Comme montre le diagramme sur la figure 3, les origines de ces bactéries sont diverses. Elles peuvent être apportées par les excréments des animaux et des êtres humains ou peuvent constituer la flore autochtone d'un écosystème. Ces bactéries peuvent intervenir dans plusieurs processus biologiques naturels à savoir les cycles géochimiques (de carbone, d'azote…) et/ou industriels (fermentation…), phytosanitaire (lutte biologique, phytopathologie…).

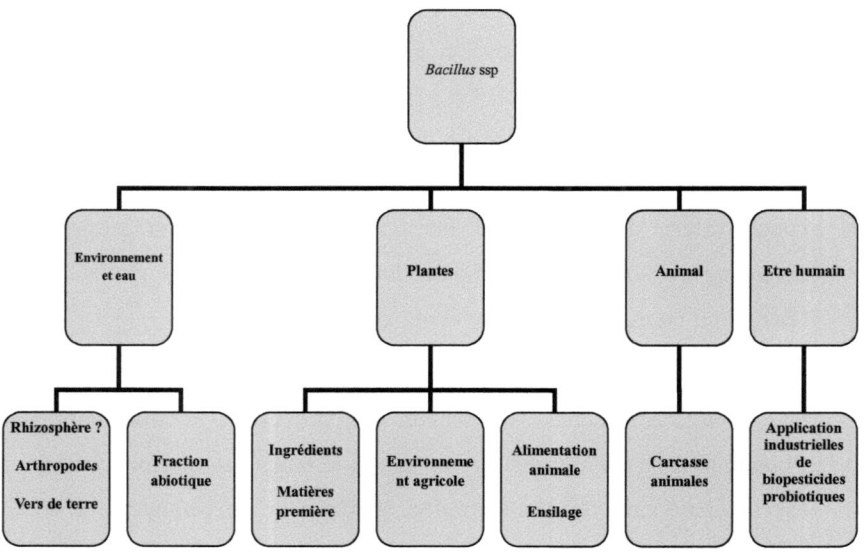

**Figure 3 : Diagramme de l'origine de contamination par les bactéries sporulées des aliments (Inspiré de Carlin, 2011).**

## I. 3. Procédés de fabrication du couscous

Selon le *codex alimentarius* standard N° 202 (1995), le couscous est le produit composé de semoule de blé dur *(Triticum durum)* dont les éléments sont agglomérés en ajoutant de l'eau potable et qui a été soumis à des traitements physiques tels que la cuisson et le séchage. Le couscous est préparé à partir d'un mélange de semoule grosse et de semoule fine. Il peut aussi être préparé à partir de la semoule dite «grosse-moyenne».

Le blé dur est exclusivement destiné à la consommation humaine après sa transformation. Il se transforme en semoule puis en pâte ou couscous. Dans certains pays (Italie, Grèce et France), la législation régit l'utilisation du blé dur pour la préparation des pâtes, cependant, dans d'autres pays de l'union européenne, la législation est plus permissive (Morancho, 2000). Ces derniers admettent la possibilité de son utilisation comme blé panifiable.

En 2011 et 2012, la production mondiale de blé a été de 674 millions de tonnes (FAO, 2011). En 2013, 704 millions de tonnes de blé ont été produites dans le monde (FAO, 2013), soit une progression de 6,5%. L'union européenne est le premier producteur de blé au monde dont la France occupe le deuxième rang (2,4 millions de tonnes en 2012) après l'Italie (Lelamer et Rousselin, 2011). La France est le principal fournisseur de blé dur de l'Algérie (FAO, 2011).

La consommation mondiale moyenne de Blé était de 67,5kg par habitant en 2011 (FAO, 2011). Les pays d'Afrique du Nord et d'Asie sont parmi les principaux consommateurs de blé par habitant au niveau mondial, l'Algérie occupe le deuxième rang après la Tunisie avec une consommation de presque 240kg par habitant et par an (FAO, 2014).

Les algériens consomment le blé dur sous différentes formes à savoir notamment les pâtes alimentaires et le couscous. Le blé dur subit des traitements de transformation selon le produit désiré. La semoule de couscous produit qui fait l'objet de cette étude nécessite d'abord la transformation du blé dur en semoule avant d'être transformé en semoule de couscous.

## I. 3. 1. Transformation du blé dur en semoule

La semoule correspond à des morceaux de grain qui sont plus ou moins vêtus d'enveloppes (Doumandji et *al.*, 2003). La semoule de blé dur (*Triticum Turgidum* ssp. *Durum*) est fréquemment consommée notamment dans les pays du pourtour méditerranéen.

En France, 65% de semoule de blé dur produite (519 041 tonnes/ année) est destiné à la fabrication de pates alimentaires sèches et de couscous (Lelamer et Rousselin, 2011). 25% de production de blé dur sert à la fabrication de couscous dont 26% sont exportées (SIFPAF, 2012).

Le process de transformation du blé en semoule consiste à débarrasser d'abord le blé dur de ses impuretés avant de le stocker. Un deuxième nettoyage est recommandé pour éliminer les impuretés fines, puis les grains sont séparés selon leur taille, leur forme et leur poids. Les grains de blé dur triés sont ensuite conditionnés en les humidifiant (Mouillage) afin d'éviter de briser le son durant la mouture. Au départ, le grain de blé dur possède une teneur en eau égale à 11 ou 12% puis le grain est humidifié jusqu'à 16 ou 17%. Les grains de blé sont mélangés en fonction de la qualité de semoule désirée. Après la mouture du mélange, la semoule est récupérée puis conditionnée.

*Introduction bibliographique*

Plusieurs sous-produits sont générés à savoir les "finots" (semoules très fines), les "gruaux" (gros grains) et les "issues" comme le son et les pailles.

En outre, le son, les germes et les fourragers sont aussi repartis dans des silos afin de les stocker. La figure N° 4 schématise le diagramme de mouture du blé dur comme était expliqué précédemment.

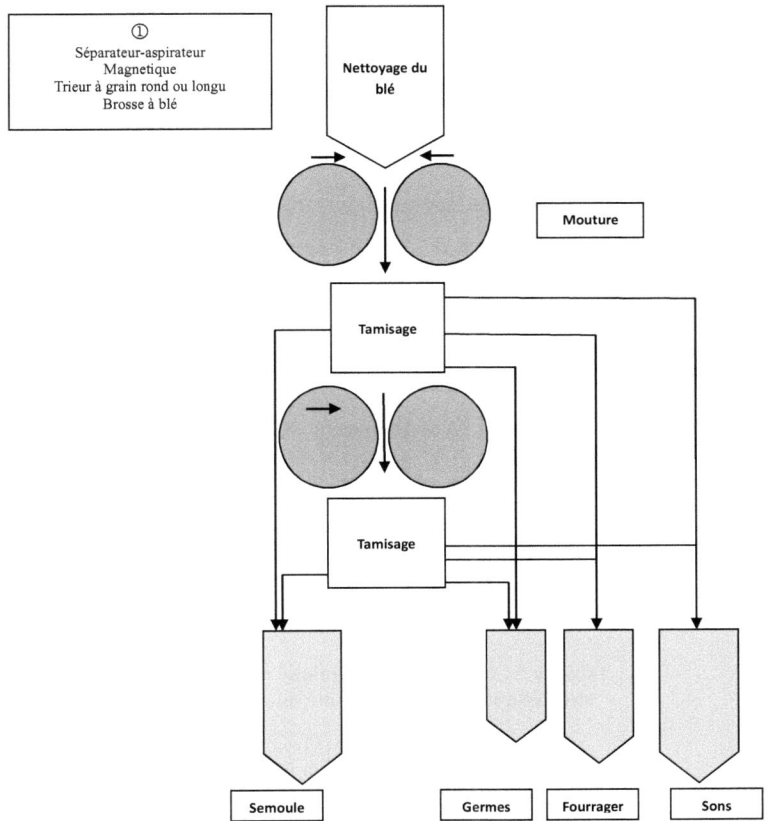

**Figure 4 : Diagramme industriel simplifié de fabrication de semoules de blé dur modifié selon Azudin (1988).**

## I. 3. 2. Technologie du couscous

L'Algérie est leader en matière de production du couscous (environ 1 million de tonnes/an) y compris le couscous industriel et artisanal avec une consommation de 50kg par capita/an (D'egidro et Pagani, 2010).

Selon Derouiche (2003), la consommation de couscous atteint 9.21 kg par an et par habitant à l'Est d'Algérie. De plus, le couscous est mangé au moins une fois par semaine à Constantine (Est d'Algérie) par plus de 50 % de la population (Benlacheheb, 2008). Par ailleurs, selon une enquête réalisée en France, le couscous constitue le troisième plat préféré des français. En effet, la France a une moyenne de consommation de 1.4kg par habitant et par an (SIFPAF, 2012).

Le couscous ou K'sksou est un plat traditionnel populaire en Afrique du Nord et en Europe du Sud. Il est connu sous plusieurs noms : en Turquie : Kuskus, au Maroc : Maftol, au Liban : Moghrabieh, en Berbère: Seksu, en Libye : Kusksi, chez les Tuareg : Keskesu ; en grèce : Kouskousaki (Coskun, 2013). Cependant dans certains pays d'Afrique, on appelle attiéké un couscous à base de manioc (Coulin et *al*., 2006).

Le couscous est riche en glucides (70%) mais pauvre en protéines (13%) et en lipides (2%). Il présente aussi un large éventail de minéraux (Mg, P, K, Ca, Mn, Fer, Cu, Zn) et de vitamines (B1, B2, B3, B5, B6, B9) (cf tableau 5).

**Tableau 5 : Composition chimique mentionnée sur l'étiquetage de la semoule du couscous.**

| | |
|---|---|
| Protéine | 12.8 |
| Glucides | 69.5 |
| Lipides | 2 |
| Sodium | 20 |
| Eau | 11.2 |
| Minéraux | Mg, P, K, Ca, Mn, Fer, Cu, Zn |
| Vitamines | B1, B2, B3, B5, B6, B9 |

Les graines de couscous peuvent être obtenues soit par préparation artisanale au niveau des foyers (domestique) soit au niveau industriel.

## I. 3. 2. 1. Préparation artisanale

La préparation artisanale du couscous consiste dans un premier temps à choisir le calibre des semoules en fonction du couscous désiré (moyen, fin ou gros).

En premier temps, les semoules sont hydratées avec de l'eau salée progressivement en roulant les grains dans un ustensile appelé « Gassaâ ». Une poignée de la semoule (100g) est imbibé par une cuillère d'eau salée puis mélangée en les roulant à la paume de la main (pour éviter les grumeaux). Ensuite, la semoule est ajoutée progressivement en l'imbibant. Le roulage est une étape déterminante de la qualité de grains de couscous assuré par mouvement circulaire des mains en écrasant les grains de la semoule. Ensuite, à l'aide d'un tamis les grosses graines sont séparées des petites. Après l'obtention des grains, ceux-ci sont alors séchés à la température ambiante en étant agités de temps en temps ou apporté directement à la cuisson à la vapeur.

Dans les pays du Maghreb, le couscous est cuit dans le couscoussière (cf Figure 5). Cependant, dans les pays occidentaux, certains consommateurs font tremper le couscous dans l'eau bouillante.

*Introduction bibliographique*

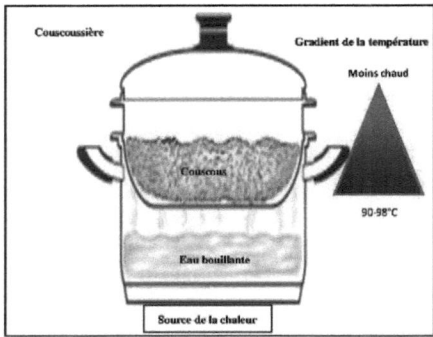

**Figure 5 : Modalité de cuisson du couscous dans les pays du Maghreb.**

Dans les pays du Maghreb, le couscous est cuit à la vapeur dans une couscoussière. Ce traitement est répété plusieurs fois (3 fois) en fonction de la de qualité du grain (gonflement). La température peut atteindre 98°C au fond en contact avec la vapeur. Cependant au cœur de la couche de couscous, la température est inferieure. De ce fait, le cœur de couscous est un point critique, point froid du point de vue de l'inactivation thermique. Les cycles de cuisson sont séparés par un délai de repos de 10 à 20 minutes à la température ambiante (cf figure 6).

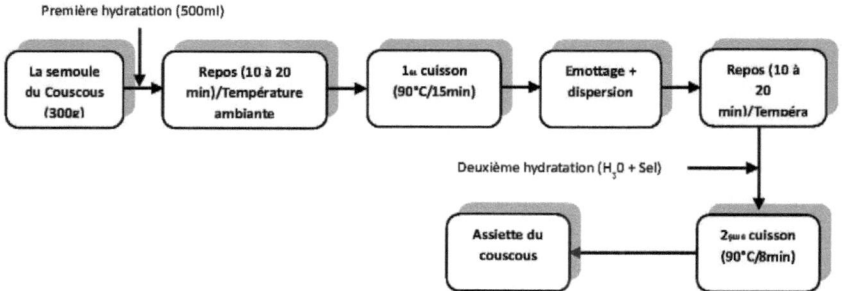

**Figure 6 : Diagramme de préparation du couscous à partir de la semoule.**

Les familles préfèrent encore la préparation du couscous à partir de la semoule. Cependant la semoule de couscous précuite industrialisée est de plus en plus utilisée par les ménages.

## I. 3. 2. 2. Procédé Industriel de fabrication de la semoule de couscous précuite

Le process de fabrication industrielle du couscous est basé sur le même principe que la préparation artisanale. Les semoules sont mélangées à l'eau puis roulées. Après une série de calibrage, les grains obtenus sont cuit à la vapeur puis séchés par un sécheur rotatif avant d'être refroidi (cf figure 7).

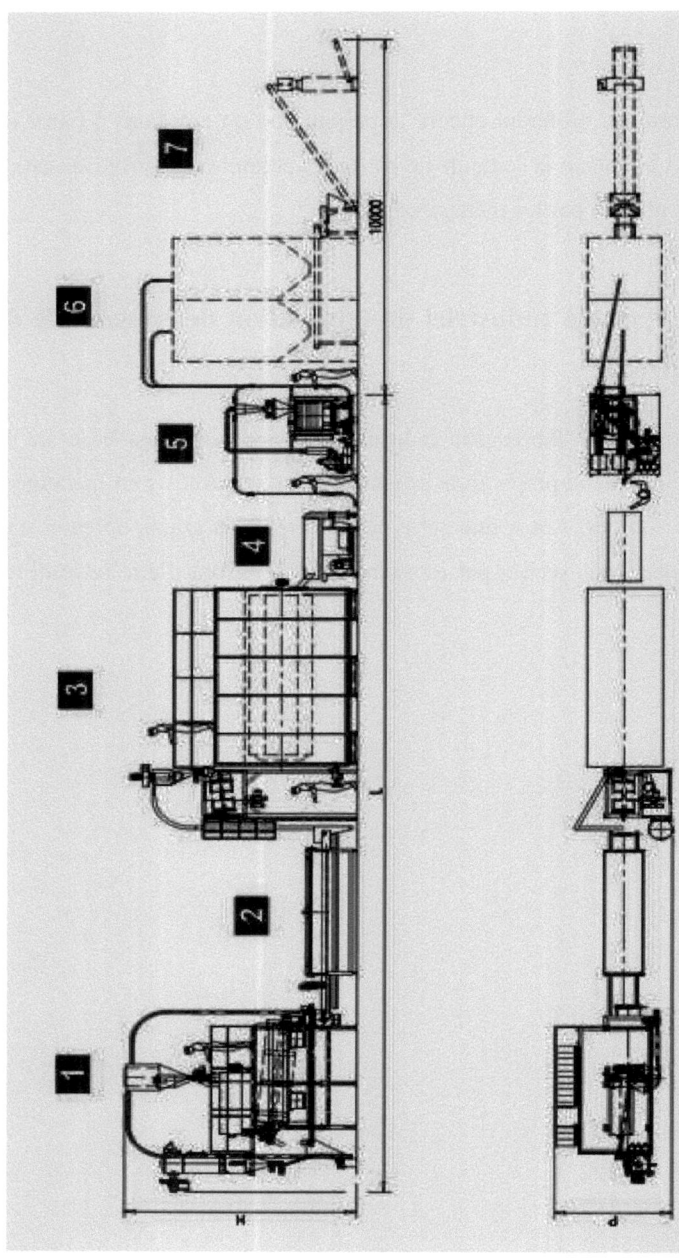

**Figure 7 : Ligne de production industrielle de couscous. 1 : Groupe pâte avec rouleuse ; 2 : Cuiseur 3 : Rouleuse tamis produit et séchoir rotatif Romet 3 ; 4 : Refroidisseur ; 5 : Plansichter et convoyeurs produits et poudres ; 6 : Silos de stockage produit fini ; 7 : Conditionnement (avec l'autorisation de Storci *s.p.a*, Italie).**

Les grains fins et moyens sont emballés par contre les gros sont recyclés. Les étapes illustrées dans ce chapitre sont inspirées de process du groupe **Clextral Group**. Les principales étapes sont décrites ci-après.

*Le Mélange*

Cette étape vise à agglomérer les semoules pour obtenir les grains de couscous, assurer une bonne hydratation des grains pour être facilement chauffés à 100°C (atmosphère) et afin d'obtenir ensuite une bonne gélatinisation. Le mélangeur est équipé de palettes. À cette étape, l'$a_w$ atteint le niveau suffisant pour la croissance des bactéries présentes. Dès cette étape des dépôts et des encrassements peuvent être la source de développement de contaminants microbiens pouvant aboutir à la formation de spores microbiennes.

*Le Roulage et le tamisage*

C'est l'étape clé du process. Elle consiste à former les grains de couscous et les sélectionner en fonction de la taille souhaitée. Cette étape peut également être une source de contamination par des dépots et des accumulations de fines sur les parois et dans les recoins favorisant les développements microbiens et la formation de spores bactériennes.

*Le Recyclage en continu*

Le produit recyclé de l'étape de roulage et tamisage affecte le process. Les particules recyclées ont la composition de l'eau différente de celle de la matière première. Il doit être réintroduit en proportion constante avec ajustement des paramètres. Du point de vue microbiologique une re-contamination de la matière première peut également être envisagée à cette étape.

*Introduction bibliographique*

*La Cuisson à la vapeur et démottage*

La cuisson conduit à la gélatinisation de l'amidon de blé et aboutit à un produit digestible avec une grande capacité de gonflement. Le cuisseur vise à mettre en contact direct les graines hydratées et agglomérées avec la vapeur d'eau. L'opération permet d'amener permet d'amener les graines à une température de 100°C, supérieure à la température minimale de la gélatinisation d'amidon.

La cuisson traditionnelle se fait à faible flux de vapeur, en couche épaisse (20-30 cm), sous couvercle, jusqu'à ce que la vapeur s'échappe. Sa durée est de l'ordre de 20 à 30min selon la qualité de vapeur utilisée est d'environ 200g de vapeur d'eau par kg de couscous sec.

Industriellement, la cuisson est continue et elle se fait dans un cuiseur à tapis, à contre-courant grains/vapeur, avec une épaisseur de couche de 8 à 12 cm et un fort flux de vapeur (500 à 800 g de vapeur par kg de couscous) permettent d'obtenir une gélatinisation quasi complète en 12-18 min. Ces traitements thermiques (couples temps températures appliqués) ne peuvent qu'avoir un effet limité sur l'inactivation thermique des spores bactériennes présentes.

*Le Séchage et le refroidissement*

L'objectif de cette étape est de stabiliser la quantité d'eau afin de garantir une longue durée de conservation. Le séchage est réalisé à l'aide de sécheur rotatif en respectant le barème de séchage. Les grains de couscous aussi obtenus sont transportés à un refroidisseur vibrant.

*Le conditionnement et le stockage*

En Algérie, la semoule de couscous industriel est généralement emballée dans des paquets en plastique. Suite aux amplitudes thermiques durant le stockage. Ce type d'emballage présent l'inconvénient de concentrer par condensation l'humidité sur les parois des sachets en plastique. Ces points de forte humidité peuvent permettre une croissance des micro-organismes présents comme des *Bacillus* sporulés. Cependant, dans les pays industrialisés comme la France, la semoule de couscous est mise sur le marché dans des boites en cartons facile à gerber, à nettoyer de la poussière (vecteur des microorganismes) son extérieur et maintenir son humidité. Il est recommandé de stocker la semoule de couscous dans des endroits sec à la température ambiante.

# II. MATERIEL ET METHODES

Le travail présenté a été réalisé au Laboratoire Universitaire de Biodiversité et d'Ecologie Microbienne (LUBEM), site de Quimper, Université de la Bretagne occidentale France. Les isolats ont été réalisés au laboratoire de Microbiologie Appliquée à l'Agroalimentaire, au Biomédical et à l'Environnement (LAMAABE), Université de Tlemcen, Algérie et au laboratoire pédagogique de Microbiologie du département de Biologie, Université de Laghouat. Ce travail s'inscrit dans le contexte d'une collaboration entre le LUBEM, et le LAMAABE.

## II. 1. Prélèvement des échantillons de la semoule de couscous

Les semoules de couscous ayant servi à cette étude étaient conditionnées dans leurs emballages en plastique. Elles proviennent du marché national algérien. Au moment du prélèvement, les sachets de la semoule de couscous étaient gerbés à la température ambiante sur les étals des commerces.

Les échantillons ont été prélevés dans la ville de Laghouat, une ville située à 400 km au sud d'Alger. Trois (3) marques (EH, AB et CM) ont été retenues (cf figure 8) dont les dates de sortie de la chaine de production dépassaient deux mois.

Au mois de mai 2010, 10 échantillons de la semoule de couscous ont été prélevés puis transportés au laboratoire, conservés dans les conditions de stockage observées chez les détaillants.

Figure 8 : Marques des semoules de couscous utilisées dans cette étude et commercialisées dans la région de Laghouat (Algérie).

## II. 2. Dénombrement de la flore aérobie sporulée mésophile dans les échantillons de la semoule de couscous

Le dénombrement des souches de *Bacillus* spp a été effectué selon les étapes suivantes :

*Préparation des échantillons*

La surface extérieure du sachet de la semoule de couscous a été désinfectée à l'alcool à froid puis le sachet a été ouvert en espace stérile (Bec Bunsen).

A l'aide d'une pince stérile, une quantité de semoule de couscous (environ 10g) était prélevée et mise dans 9 fois son poids (équivalent en volume) d'eau tryptonée salée (pour avoir la première dilution décimale). Le mélange était ensuite porté au bain marie à 80°C pendant 10 min. Ce traitement permet d'éliminer la flore végétative présente dans la semoule de couscous et de sélectionner les cellules bactériennes thermorésistantes ciblant les bactéries sporulées.

*Matériels et méthodes*

Des dilutions décimales successives étaient alors réalisées dans l'eau tryptonée salée à partir des mélanges traités thermiquement.

Un volume de 0,1 mL de la dilution était étalé à la surface d'une boite de Pétri de la gélose PCA puis incubée à 37°C pendant 48 à 72h.

La charge en microorganismes aérobies sporulés des échantillons était déterminée suivant la formule de la norme AFNOR (1994) :

$$N = \frac{\sum C}{V(n_1 + 0,1 n_2)d}$$

où :
C est le nombre des colonies comptées sur une boîte retenue des dilutions effectuées ;
V est le volume de l'inoculum appliqué à chaque boîte, en millilitres;
$n_1$ est le nombre des boîtes retenues à la première dilution;
$n_2$ est le nombre des boîtes retenues à la seconde dilution;
d est le taux de dilution correspondant à la première dilution retenue.

## II. 3. Obtention des isolats

A partir des boites de Pétri ayant servi au dénombrement, des colonies représentatives et de différents aspects étaient repérées et récupérées avec un maximum de 05 colonies par boite. Le ratio : nombre d'isolat – nombre de colonies de même aspect a été respecté autant que possible.

Les colonies prélevées ont été repiquées dans un bouillon nutritif et incubées 12h à 30°C. A partir de cette culture une öse était étalée par strie sur la gélose nutritive suivant la technique des quadrants. L'incubation des cultures a ensuite été réalisée à 30°C pendant 24h. La sélection et l'isolement des souches a été ainsi répétée deux fois sur les colonies repérées bien isolées par une culture en bouillon nutritif puis en milieu nutritif gélosé.

## II. 4. Confirmation de la pureté des isolats

La confirmation de la pureté des souches isolées était basée sur l'observation macroscopique de l'aspect des colonies puis par observation microscopique des cellules après coloration du Gram. Les endospores bactériennes ont été observées au microscope après coloration au vert de malachite.

## II. 5. Conservation de souches et des spores

Les souches purifiées ont été conservées en double sur le milieu nutritif gélosé incliné pour l'utilisation en routine.

Pour la constitution du stock de spores, le protocole utilisé a été inspiré de celui utilisé par Gaillard et *al.* (1998).

Un volume de 0,5 mL de la pré-culture était étalé sur la surface du milieu nutritif gélosé en boites de Pétri de 90 cm et supplémenté par 40mg/l de $MnSO_4$ et 100mg/l de $CaCl_2$. Puis, les boites ensemencées ont été incubées à 30°C pendant un temps nécessaire à la sporulation de la population bactérienne. Le taux de sporulation était estimé par observation au microscope de contraste de phase à l'état frais après 5 jours d'incubation. Si ce taux dépasse 90%, la culture était arrêtée. Les spores de *Bacillus spp* ont été alors récoltées à l'aide d'une spatule stérile en raclant la surface de la gélose. Les spores récupérées ont été mises en suspension dans un volume de 20mL d'eau distillée stérile à l'aide d'une pipette pasteur stérile. La suspension de spores préparée était centrifugée à 10000 g pendant 15 min. Le culot était récupéré et remis dans 20 mL d'eau distillée stérile. Cette opération était renouvelée deux fois.

Le culot obtenu était repris par un mélange eau/éthanol (V/V). Le mélange était placé à 4° C pendant 12h afin d'éliminer le reste des formes végétatives. Le mélange était centrifugé à 10000g pendant 15min.

Les culots traités subissaient une nouvelle fois trois cycles de lavage toujours à l'eau distillée dans les mêmes conditions de la centrifugation. Tous les manipulations d'agitation ont été effectuées manuellement avec retournement doux afin d'éviter la formation des flocs.

Les culots récupérés précédemment ont été ensuite re-suspendus dans un volume minimum d'eau distillée stérile de façon à avoir une forte concentration en spores (environ $10^{10}$ spores/mL). La concentration en spores était estimée par dénombrement en masse en milieu nutritif gélosé. Le stock de spores de *Bacillus spp* obtenu était conservé à 4°C dans de l'eau stérile avant l'étape de traitement thermique.

## II. 6. Identification et affiliation moléculaire des isolats

L'identification des souches isolées était basée sur le séquençage partiel du gène ribosomal 16S. L'ARN ribosomique 16S est le constituant ARN de la petite sous-unité ribosomique de 30S des procaryotes. C'est une région conservée entre toutes les espèces.

Les souches identifiées comme *Bacillus cereus* ont été ensuite soumises à un séquençage de leur gène *pan*C permettant de distinguer les souches en différents groupes écologiques selon la classification de Guinebertière et *al.* (2008).

## II. 6. 1. Préparation de l'ADN génomique

L'extraction de l'ADN génomique des souches a été réalisée sur des cellules en état physiologique végétatif.

*Obtention des cellules bactériennes*

Une öse de cellules conservées était suspendue dans 5 mL de Bouillon nutritif et incubée à 37°C pendant une nuit.

*Extraction d'ADN génomique*

L'ADN génomique était isolé suivant la procédure décrite par Sambrook et *al.* (1989). Elle consiste à récolter les cellules végétatives après centrifugation (5000g pendant 5min).

Le culot cellulaire était ensuite suspendu complètement dans 200µl de tampon Tris-EDTA (50 mM Tris-HCl ; 2,5mM EDTA ; pH 8,0) dilué au $1/10^{\text{ème}}$ puis on lui ajoutait 500µl de la solution de lyse en mélangeant par inversion. Le mélange était porté ensuite au bain marie à 55°C pendant 30min. Ensuite, un volume de 700µl de phénol-chloroforme-isoamylol était ajouté au lysat. L'ajout de phénol permet de déprotéiniser le lysat. Les traces de phénol restant dans la phase aqueuse ont été éliminées par le chloroforme et l'alcool iso-amylique facilite la séparation des deux phases phénolique et aqueuse. Le mélange était agité jusqu'à l'obtention d'une suspension laiteuse stable puis soumis à une centrifugation à 10000g pendant 15min.

La phase aqueuse -estimée à 600µl- était alors transférée à nouveau dans des tubes Eppendorf stériles à laquelle on ajoutait 200µl d'acétate de sodium et 400µl d'alcool isopropylique. Le mélange était mis à -20°C pendant 30min puis centrifugé à 10000g pendant 10min pour obtenir le culot d'ADN génomique. Celui-ci était lavé 2 fois à l'éthanol à 70% afin d'éliminer les contaminants minéraux. Le lavage était effectué en centrifugeant le mélange à 10000g pendant 10min.

Enfin, le culot de l'ADN génomique était séché sous vide puis suspendu dans de l'eau distillée stérile avant d'être conservé à -20°C. Ensuite, la pureté et la qualité de l'ADN génomique ont été déterminées en basant sur son spectre d'absorbance.

## *Quantification et vérification de la pureté de l'ADN*

L'ADN génomique obtenu précédemment était dilué dans de l'eau permutée puis dosé grâce à un spectrophotomètre d'absorption moléculaire lié à l'ordinateur (Visionlite™ Application software). L'absorbance de l'ADN génomique était mesurée dans le spectre de la lumière Ultraviolette (UV) de 220 à 300 nm. Un volume de 2ml d'une dilution au $1/50^{ème}$ de l'échantillon de l'ADN dans l'eau permutée était déposé dans une cuve en Quartz. Après avoir calibré le spectrophotomètre, l'absorbance des échantillons a été mesurée.

La courbe de balayage d'absorbance permet de renseigner sur la pureté et la quantité de l'ADN génomique à la fois. Le chevauchement du pic maximal de 260 nm reflète une contamination chimique. Par ailleurs, la détermination des rapports $A260_{nm}/A280_{nm}$ et $A260_{nm}/A230_{nm}$ permet de vérifier la nature du contaminant chimique.

La valeur de rapport $A260_{nm}/A280_{nm}$ doit être comprise entre 1,8 et 2 en termes d'absorbance. Il permet d'évaluer la contamination par les protéines.

En outre, la valeur du rapport $260_{nm}/A230_{nm}$ est déduite à titre secondaire pour renseigner sur une éventuelle contamination par les hydrates de carbone, les peptides, les phénols ou les composés aromatiques ou tout produit qui absorbe à 230nm. Ce rapport doit être proche de 2,2.

## II. 6. 2. Amplification d'ADNr 16S

Le gène 16S est une région conservée chez toutes les espèces. L'amplification partielle du gène 16S permet d'étudier la phylogénie des souches isolées après séquençage et comparaison de leurs séquences.

Amorces utilisées

L'amplification partielle de la séquence de gène ADNr 16S a été effectué par l'utilisation des amorces standard 27f (5'-GAGTTTGATCMTGGCTCAG-3') et 192r (5'-GNTACCTTGTTACGACTT-3') (Weisburg et al., 1991).

*Paramètres de réaction de polymérisation en chaine (PCR)*

Le mélange d'ADN-PCR (master mix) a été mis dans des microtubes. La concentration d'ADN utilisé a été de 100ng par tube dans un volume final de 25µl. La composition et les volumes de PCR Master mix ont été reportés dans le tableau 6 :

**Tableau 6 : Composition et concentration des solutions de PCR.**

| Solution | Volume | Concentration final | Composition | |
|---|---|---|---|---|
| PCR master mix, 2X | 12.5µl | 1X | 50U/ml : ADN polymérase taq [(dans un tampon optimal (pH 8.5) ] | 400µM each dATP, dGTP, dCTP, dTTP 3mM $MgCl_2$ |
| Amorce en amont, 10µM | 2.5µl | 0.1-1.0µM | | |
| Amorce en aval, 10µM | 2.5µl | 0.1-1.0µM | | |
| Echantillon d'ADN | 5µl | <250ng | | |
| Diluant | 25µl | N.A | | |

*Matériels et méthodes*

L'amplification était réalisée dans un thermocycleur (Techne) réglé à une température de dénaturation de 95°C pour 5 minutes puis 30 cycles d'amplification (chaque palier est contrôlé à 1min à 94°C, 1min à 55°C et 1 min à 7°C). En fin, la température d'incubation était de 5 minutes à 72°C.

## *Révélation de produits de PCR sur gel d'agarose*

Le produit de PCR amplifié était révélé sur 1% de gel d'agarose (w/v). La migration était réalisée dans le tampon TAE 1M (Tris-acétate-EDTA 1M) avec un courant électrique de 5V/cm en présence de marqueur de taille (Lamda DNA/EcoR1 + Hind III). Ce marqueur présent 13 bandes de taille comprise entre 125 à 21226 paires de bases (Promega). Il est issu de la digestion de l'ADN du phage Lamda par deux enzymes de restrictions EcoR1 et Hind III.

Lorsque la ligne jaune de tampon de charge arrivait au front de migration, le courant électrique qui alimente le dispositif de l'électrophorèse était arrêté. Ensuite, le gel était récupéré de support puis trempé dans un bain de bromure d'éthidium (0.5µg/ml) pendant 30 minutes. Enfin, la révélation des bandes était effectuée par observation du gel sous la lampe UV.

## *Séquençage et contrôle de qualité de séquences partiels de gène 16S*

Un volume de 50µl des fragments amplifiés ont été envoyés à la compagnie AGCT Biotech à Heidelberg, Allemagne. Les séquences reçues ont été ensuite traitées pour déterminer les souches étudiées. L'évaluation de la qualité de séquençage est basée sur l'analyse de l'intensité du chromatogramme de séquençage. Si l'analyse du chromatogramme, montre des pics chevauchés cela renseigne sur un mauvais séquençage.

*Matériels et méthodes*

## *Identification des souches*

Les séquences en format FASTA ont été récupérées puis copiées en fichier (rtf). Ce fichier présente deux séquences, une issue de l'amorce 27f et l'autre de l'amorce 192r. Le deuxième brin de 192r était inversement transcrit puis combiné avec le brin de 27 à partir des régions communes. Ensuite, les séquence plus ou moins longues de 1200pb ont été blastées avec la base de données du NCBI http://www.ncbi.nlm.nih.gov/BLAST/) (Altschul et *al.*, 1990). La compilation des séquences au blast permet de déterminer la similitude de ces souches avec les espèces déjà présentes, présentent dans la base de donnée.

## *Établissement de l'arbre phylogénétique*

La construction d'un arbre phylogénétique a pour objectif de représenter à travers un graphique la plus ou moins grande proximité entre les séquences d'un alignement. Il consiste à confirmer les résultats du Blast. Les séquences 16S des souches étudiées et celles des bases de données ont été alignées.

Après avoir aligné les séquences, les arbres phylogénétique ont été construits à l'aide du programme Méga version 3.1 (Kumar et *al.*, 2004).

## II. 6. 3. Séquençage du gène *pan*C.

Le séquençage de gène *pan*C permet de regrouper les souches de *Bacillus cereus sensu lato* en sous groupes selon leurs propriétés écologiques. Les mêmes étapes d'obtention des cellules et d'extraction d'ADN génomiques ont été suivies. Par ailleurs, le même principe de PCR était exploité avec changement des réactifs et paramètres de PCR.

*Matériels et méthodes*

## *Réaction en chaine par polymérisation de gène panC*

Le mélange de PCR final (90 µl) était constitué de 300 ng d'ADN génomique pur, de 0,2 mM de mélange dNTP (Eurogentec, Seraing, Belgium), 2,5 mM $MgCl_2$, 0,25 µM de chaque amorce, 0,75 U de polymérase AmpliTaq (Perkin-Elmer, Courtaboeuf, France) et 9 µL de tampon AmpliTaq 10X sans $MgCl_2$ (Eurogentec).

## *Amorces*

Pour amplifier le gène *panC*, les séquences des amorces utilisées ont été : (5′ GAGGCGAGAGAATACGGAATACG 3′) et (5′ GCCCATTTGACTCGGATCCACT 3′) (Candelon *et al.*, 2004).

## *Paramètres de réaction de polymérisation (PCR)*

L'amplification de gène *pan*C a été réalisée dans le thermocycleur avec les paramètres suivants : la température du premièr cycle 94°C pendant 5 min, suivi par 30 cycles de 15 secondes à 94°C, 30 secondes à 55°C, et 30 secondes à 72°C pour les trois paliers de chaque cycle. En fin, une durée d'extension de 7 minutes à 72°C (Candelon *et al.*, 2004). Ensuite les bandes ont été analysées sur gel d'Agarose.

## *Séquençage de gène panC*

La forme FASTA des séquences de gène *panC* amplifiées était blasté avec la base de donnée de Sym'Previus (https://www.tools.symprevius.org/Bcereus/). Les résultats aboutissaient à l'affiliation des souches de *Bacillus cereus* selon Guinebertière et *al.* (2008).

*Matériels et méthodes*

## II. 7. Étude de la thermorésistance

Plusieurs méthodes ont été décrites pour l'étude de la thermorésistance des bactéries parmi lesquelles l'utilisation du thermorésistomètre et la technique des capillaires. Cette dernière méthode est appréciée grâce au temps négligeable de transfert de chaleur au cœur de la suspension à traiter et sa facilité de mise en place et d'utilisation.

*Préparation des pré-cultures*

D'abord, des pré-cultures de *Bacillus spp* ont été préparées dans le bouillon cœur-cervelle et incubées à 30°C pendant 24h.

*Traitement thermique*

Le traitement thermique des spores de *Bacillus ssp* était effectué suivant la technique décrite par Gaillard et *al*. (1998). Il consiste à traiter un inoculum d'au moins $10^6$ spores par mL dans un tube capillaire. A cette fin, à partir du stock de spores de *Bacillus ssp* conservé à 4°C, un volume de 30 µL était dilué dans 3mL de BHI. 100µl de la suspension de spores/ml était introduit dans des tubes capillaires (ringcaps®) Le nombre des spores dans la suspension était en parallèle déterminé (en général environ $10^6$ spores/mL).

Les deux extrémités des tubes capillaires ont été soudées à la flamme puis portées au bain eau glycérol thermostaté. Les tubes capillaires ont été retirés à chaque intervalle de temps décidé précédemment. Ensuite les tubes ont été plongés rapidement dans un bain glacé pendant 30 secondes.

Le contenu des tubes capillaires était chassé avec un volume de 900µL d'eau distillée (Gaillard et *al*., 1998). Ensuite, des dilutions décimales successives dans les mêmes conditions ont été réalisées.

*Matériels et méthodes*

*Récupération des spores survivantes*

Un volume de 0,5 mL était ensemencé en profondeur dans des boites de Pétri de 90mm contenant le milieu nutritif gélosé. Une deuxième couche était ajoutée afin de stabiliser les colonies obtenues. Ensuite, les boites ont été incubées à 30°C pendant 48h.

## II. 8. Validation de la thermorésistance des spores dans la semoule de couscous

Cette validation a été réalisée pour une souche de *Bacillus cereus* à la température de process. La semoule de couscous a été inoculée par les spores bactériennes à la raison de $10^6$ spores/g. Le mélange était homogénéisé à l'aide de stomacher® puis on répartit ce mélange dans des ampoules de 1mL (Weaton®) à raison de 1g de mélange/ampoule. Les ampoules ont été scellées à la flamme puis portées au bain de glycérol thermostaté à 90°C (la température de process de cuisson du couscous). Les ampoules ont été retirées du bain d'huile à des intervalles de temps réguliers décidés auparavant. Le contenu de chaque ampoule était dilué dans 9mL de tampon TS contenu dans un sac stérile à filtre puis homogénéisé à l'aide de Stomacher®. Pour chaque temps de traitement une série de dilutions décimales était réalisée dans le même tampon TS pour dénombrer les spores survivantes.

*Enumération des spores survivantes*

Le dénombrement de spores survivantes était effectué par inclusion en double couche en milieu nutritif gélosé. Un volume de 0,5mL de chaque dilution était ensemencé en masse afin d'assurer une bonne distribution des spores puis recouverte d'une deuxième couche de la gélose. Les boites ensemencées ont été incubées à 30°C pendant 48h.

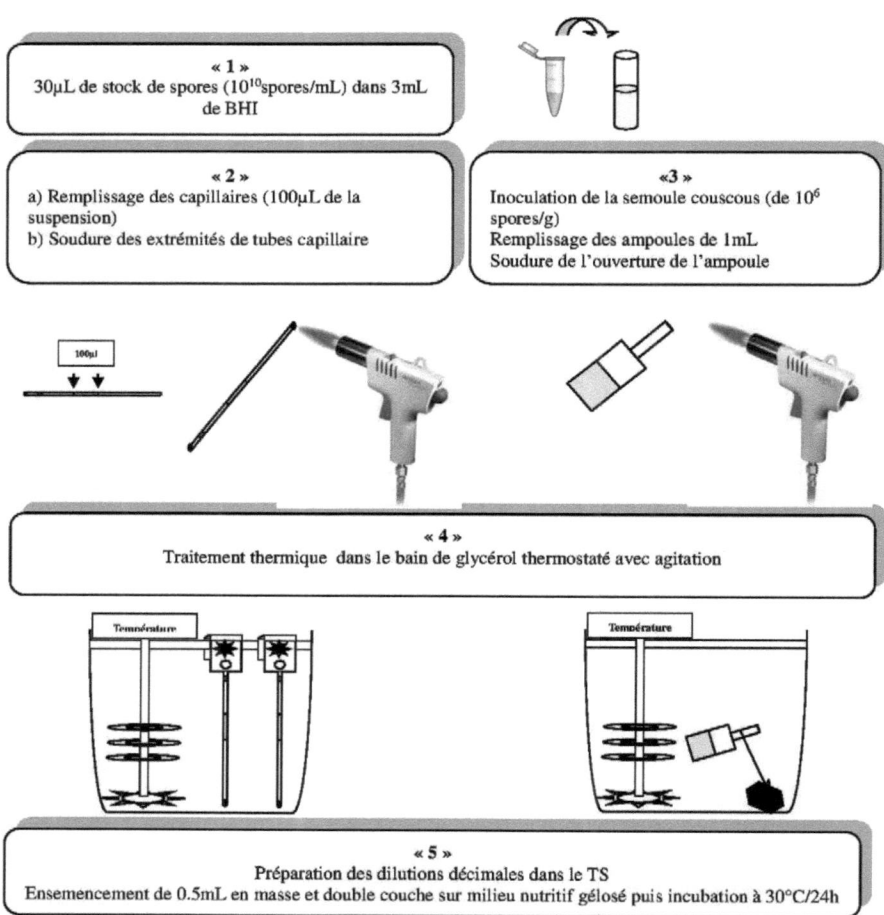

Figure 9 : Schéma récapitulatif du plan d'expérience de traitement thermique des spores bactériennes.

## 2. 9. Détermination des paramètres de la thermorésistance

Dans cette étude, le modèle de Weibull non linéaire adapté par Mafart et *al.* (2002) a été utilisé. Les paramètres estimés de ce modèle (équation 1) ont été utilisées pour quantifier la thermorésistance des souches :

$$\log N = \log N_0 - \left(\frac{t}{\delta}\right)^p \quad \text{...............................................Eq 1}$$

$N_0$ représente le nombre initial de cellules, N le nombre de cellules au temps t, $\delta$ le paramètre d'échelle représente le premier temps nécessaire à détruire 90 % de la population initiale, p paramètre de forme renseigne sur la courbure de la cinétique. Si p>1 : la courbe est concave, si p<1 : la courbe est convexe et si p=1 la courbe est linéaire.

Cette équation a été approuvée par l'Institute of Food Technology » (IFT) au deuxième sommet sur la recherche en Janvier 2003 (Heldman et Newsome, 2003).

Par ailleurs, l'influence de la température sur la résistance à la chaleur bactérienne a été quantifiée par le paramètre de sensibilité classique zT montré dans l'équation 2 (Bigelow, 1921) :

$$\log \delta = \log \delta^* - \left(\frac{T - T^*}{z_T}\right) \quad \text{...............................................Eq 2}$$

$z_T$ correspond à l'élévation de la température qui permet de diviser la valeur de $\delta$ par 10
T : Température étudiée ;
T* : Température de référence notée 121.1°C ;
$\delta^*$ : la durée de traitement thermique à la température de référence 121.1°C permettant une réduction décimale de la population microbienne

Les valeurs des paramètres et leurs intervalles de confiance associés ont été estimés à l'aide d'un module non linéaire ("NLINFIT" et "NLPARCI" Matlab 6.1, Optimization Toolbox, MathWorks). La fonction "NLPARCI" utilisé pour évaluer les intervalles de confiance à 95% est basé sur la distribution normale asymptotique des estimations des paramètres (Bates et Watts, 1988).

## II. 10. Étude de la croissance de *B. cereus* dans le couscous

L'étude de l'évolution dans le couscous de *B. cereus* inoculé a pour objectif de montrer le risque de développement de ce microorganisme dans le couscous au moment de la consommation. D'un autre côté, elle nous permet d'évaluer la date limite de la consommation du produit.

*Préparation et inoculation du couscous par B. cereus*

Cette étude est basée sur le principe du challenge test. Il consiste à ensemencer la semoule de couscous par une souche de *Bacillus cereus* de notre collection.

C'est la souche *B. cereus* LMBc11 qui a été utilisée pour inoculer la semoule de couscous. Pour cela 50 mL d'eau à 80 °C inoculé avec $10^5$ spores/mL a été ajouté à 120g de semoule et mélangé pendant 5 min. Ensuite, Les 120 g de semoule ont été distribuées dans des sachets stériles de Stomacher® avec filtre à raison de 10g par sachet. Les sachets ont alors été incubés à 30°C pendant différents temps. A des intervalles de temps réguliers (chaque heure) un sachet était retiré de l'incubateur. Le contenu du sachet est dilué dans 90 mL de tryptone-sel-eau. Après l'homogénéisation du mélange, une série de dilutions décimales a été alors préparée avec le TS. Chaque dilution est ensemencée grâce à un ensemenceur spiral. L'ensemencement consiste à étaler 50µL de dilution sur une boite de Pétri de 90mm contenant le milieu de Mossel dont la composition : (Tryptone (10.0 g) ; Extrait de viande (1.0 g) ; D-mannitol (10.0 g) ; Chlorure de sodium (10.0 g); Rouge de phénol (25.0 mg); Emulsion de jaune d'œuf (100.0 ml); Agar bactériologique (13.5 g); pH 7.2 ± 0.2).

Le dénombrement des colonies était réalisé par le compteur automatique des colonies (Scan®1200).

## Détermination de la cinétique de croissance de B. cereus

Le modèle primaire de Rosso (1995) est utilisé pour décrire la cinétique de croissance de la souche étudiée. Par conséquent, les paramètres de croissance de *B. cereus* ont été déterminés après avoir tracé la courbe LogN (UFC/mL) en fonction de temps d'incubation en (heures).

Après l'ajustement de modèle de croissance de Rosso (1995) (équation 3), les paramètres de la cinétique telle que le temps de latence (lag), le taux de croissance ($\mu_{max}$) et la population maximale ($X_{max}$) ont été estimés.

**Eq 3**

$$f(t, \Theta_1) = \begin{cases} \ln x_0 & , t \leq lag \\ \ln x_{max} - \ln\left(1 + \left(\frac{x_{max}}{x_0} - 1\right) \cdot \exp(-\mu_{max} \cdot (t - lag))\right) & , t > lag \end{cases}$$

# III. RESULTATS

*Résultats*

## III. 1. Dénombrement de la flore aérobie sporulée mésophile dans les échantillons de la semoule du couscous

La charge moyenne en bactéries aérobies sporulées des 10 échantillons de couscous étudiés, est de 20 UFC par gramme de couscous. Ce nombre varie entre 12 et 30 UFC/g de produit. Le bilan complet de dénombrement est illustré sur le tableau 7.

Tableau 7 : Dénombrement de la flore sporulée aérobie dans la semoule de couscous commercialisée dans la région de Laghouat.

| Marque | Nombre d'échantillon | Dénombrement (UFC/g) | Codification des isolats |
|---|---|---|---|
| EH | 5 | Minimum 15<br>Moyenne 20<br>Maximum 27 | LMBc 1<br>LMBc4<br>LMBc2<br>LMBc3<br>LMBc12 |
| AB | 4 | Minimum 12<br>Moyenne 21<br>Maximum 30 | LMBc5<br>LMBc7<br>LMBc8<br>LMBc9 |
| CM | 1 | 18 | LMBc11 |
| Total | 10 | | 10 |

Des colonies représentatives ont été isolées à partir des boite de Pétri contenant le milieu PCA. L'aspect des colonies de ces souches présente différents caractères. A titre d'exemple la figure 10 montre l'aspect des colonies d'une souche identifiée comme *B. cereus*.

Certaines colonies étaient grandes, blanches à marge dentelée. D'autres étaient grande aplatées, irrégulières et opaque.

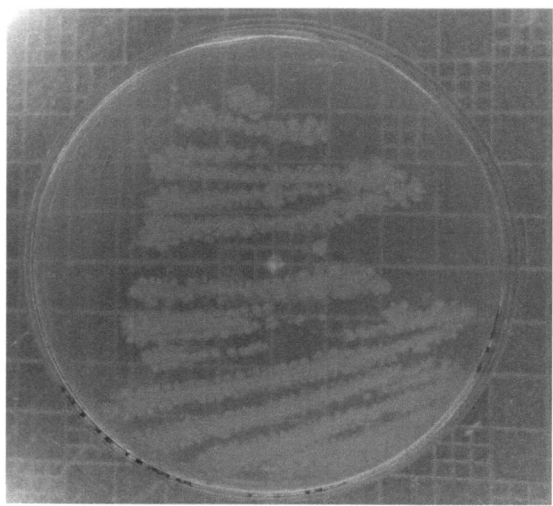

**Figure 10 : Aspect des colonies de *Bacillus cereus*
isolées de la semoule de couscous.**

## III. 2. Obtention des isolats de la semoule du couscous

10 colonies ont été sélectionnées et codées LMBc1, LMBc2, LMBc3. LMBc4, LMBc5, LMBc6, LMBc7, LMBc8, LMBc9, LMBc11, LMBc12

Les colonies isolées réagissent positivement avec la coloration du Gram (cf Figure 11) et sont génératrices de $H_2O_2$. Les cellules de *Bacillus* présentent des endospores réfringentes non colorées par les colorants de Gram. Les souches de *Bacillus cereus* et *Bacillus subtilis* présentent une endospore subterminale contrairement aux souches *Bacillus licheniformis* qui présentent une endospore centrale.

*Résultats*

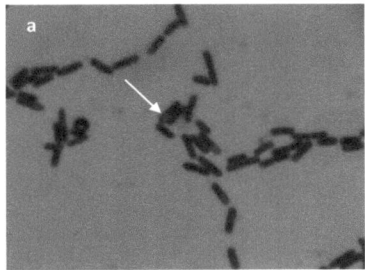
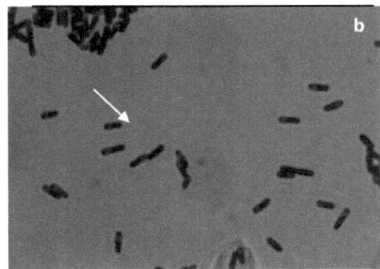
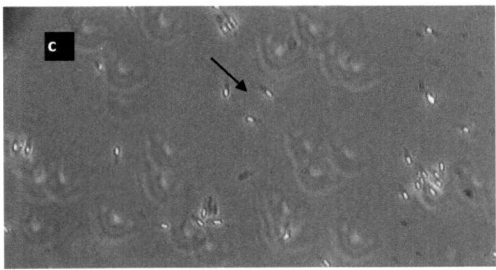

**Figure 11 : Observation microscopique. a : cellules de *Bacillus cereus* et b : cellules de *Bacillus subtilis*, après coloration de Gram (10x100) et c : spores bactériennes de la souche *Bacillus cereus* par microscope du contraste des phases.**

**La flèche indique la position d'endospore.**

## III. 3. Identification et affiliation moléculaire des souches de *Bacillus*

## III. 3. 1. Qualité de l'ADN

Les 10 souches de *Bacillus* ont été identifiées en se basant sur le séquençage du gène ribosomal 16S. Ce gène est une région chromosomique conservée chez toutes les espèces bactériennes et permet d'identifier les souches bactériennes. L'amplification de ce gène a été réalisée sur l'ADN génomique purifié. La quantité de l'ADN des échantillons a été d'abord estimée par dosage spectrophotométrique. La figure 12

*Résultats*

illustre un exemple de spectre d'absorption d'ADN génomique d'une souche de *Bacillus cereus*. Il montre une absorbance maximale à la longueur d'onde de 260nm qui correspond à la longueur d'onde d'absorption maximale de l'ADN. Aucun pic parasite n'a été observé pour cette souche comme pour les autres spectres d'absorption d'ADN génomique des autres souches étudiées. Les valeurs des rapports $A_{260nm}/A_{280nm}$ et $A_{230nm}/A_{260nm}$ renseignent sur la pureté de l'ADN avec des écarts seuils de 0,1 et 0,15 respectivement. Une forte contamination chimique de l'ADN génomique a des répercussions sur la réaction de polymérisation en chaine (PCR) particulièrement par l'inhibition de l'enzyme Taq polymérase.

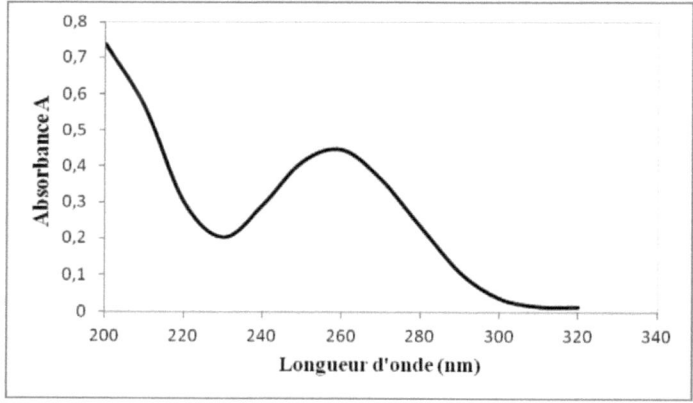

**Figure 12 : Exemple du spectre d'Absorbance de l'ADN génomique de *Bacillus cereus* LMBc2.**

### III. 3. 2. Amplification et séquençage de l'ADN 16S

Le produit de la PCR (amplicon) a été analysé sur un gel d'Agarose à 1%. Comme le montre la figure 13, l'amplification est positive et une seule bande d'ADN amplifiée a été obtenue par isolat. Les bandes sont à

*Résultats*

différents niveaux de migration. Dans ces conditions d'électrophorèse, les fragments amplifiés ont des tailles comprises entre 1375 et 1904 pb. Ceci est dû à l'utilisation de SYBR®Green (pour visualiser les bandes d'ADN) car il était déposé dans les puits avec les échantillons. La révélation des bandes dans le gel d'agarose avec le Bromure d'éthidium (50µg/ml) pendant 30min, aurait donné des fragments sur le même front.

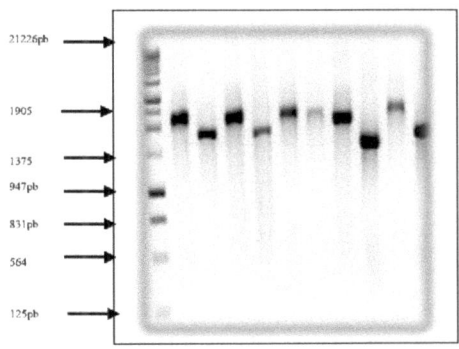

**Figure 13 : Profil électrophorétique de fragments amplifiés de gène ribosomal 16S sur gel d'Agarose à 1%. Marqueur de taille: GeneRuler™ 1kb DNA ladder (de 125 à 21226pb), Les numéros**

Les fragments révélés par électrophorèse ont été séquencés. L'analyse des chromatogrammes bruts a été réalisée sur fichier (source .ab) contenant les données de fluorescence brute. Chaque pic de chromatogramme correspond à une base fluorochrome (base nucléique). Un bon chromatogramme est caractérisé par le non chevauchement des pics. La qualité de la lecture diminue avec la longueur du fragment.

Le Blast nécessite des séquences supérieures à 1200 pb.

Les séquences obtenues du gène 16S (dont la longueur est supérieure à 1200pb) ont été alignées puis analysées par comparaison avec les séquences de la base des données du NCBI (http://blast.ncbi.nlm.nih.gov/Blast.cgi?PROGRAM=blastn&PAGE_TYPE =BlastSearch&LINK_LOC=blasthome). Les résultats sont illustrés sur le tableau 8. La comparaison de l'alignement des séquences d'ADNr 16S des souches étudiées avec les séquences de la base de données montre un taux d'identité variant entre 99 et 100%.

**Tableau 8: Identification des souches de *Bacillus* isolées à partir de la semoule du couscous Algérienne après séquençage du gène 16S et *panC*.**

| code des échantillons | code des souches | Identification des souches | Taux de l'identité |
|---|---|---|---|
| EH | LMBc1 | *Bacillus licheniformis* | 99 |
| EH | LMBc3 | *Bacillus licheniformis* | 99 |
| EH | LMBc4 | *Bacillus licheniformis* | 99 |
| AB | LMBc8 | *Bacillus licheniformis* | 99 |
| AB | LMBc9 | *Bacillus licheniformis* | 100 |
| EH | LMBc2 | *Bacillus cereus* | 99 |
| AB | LMBc5 | *Bacillus cereus* | 100 |
| AB | LMBc7 | *Bacillus cereus* | 100 |
| CM | LMBc11 | *Bacillus cereus* | 100 |
| EH | LMBc12 | *Bacillus subtilis* | 99 |

## III. 3. 3. Identification des isolats

Les résultats du Blast nous permettent de conclure que les isolats appartiennent à trois espèces : *Bacillus cereus*, *Bacillus licheniformis* et *Bacillus subtilis*.

Comme montre le tableau 8, Les souches LMBc1, LMBc3, LMBc4, LMBc8 et LMBc9 ont été identifiées comme *Bacillus licheniformis* et la souche LMBc12 comme *Bacillus subtilis*. Ces souches sont appartiennent au groupe de *Bacillus subtilis* représenté par l'espèce type *Bacillus subtilis*.

Par ailleurs, les souches LMBc2, 5, 7 et 11 sont associées au groupe *Bacillus cereus sensu lato*.

## III. 3. 4. Construction de l'arbre phylogénétique

A l'aide de logiciel ***MEGA*** 5: Molecular Evolutionary Genetics Analysis (Kumar et *al*., 2004), les relations phylogénétiques des souches identifiées et des espèces de la base de données du NCBI, ont permis d'établir un arbre phylogénétique (cf figure 14). Toutes les souches de *Bacillus licheniformis* ont été rassemblées dans le cluster de *Bacillus licheniformis* de la base de données. Entre outre, la souche LMBc8 semble être apparentée avec *Bacillus licheniformis* et *Bacillus sonorensis*. Les trois autres souches de *Bacillus licheniformis* (LMBc3, 4 et 9) semblent être apparentées au *Bacillus herbersteinensis*. Ces souches sont proches entre elles car issues de la même branche de l'arbre phylogénétique et ont des caractéristiques phénotypiques similaires à celles de *Bacillus licheniformis*. Les souches de LMBc7, LMBc2 et LMBc11 sont apparentées aux espèces de *Bacillus cereus sensu lato*. L'affiliation des ces souches a été vérifié par le séquençage de gènes *pan*C. L'autre souche de LMBc5 a été classée dans

## Résultats

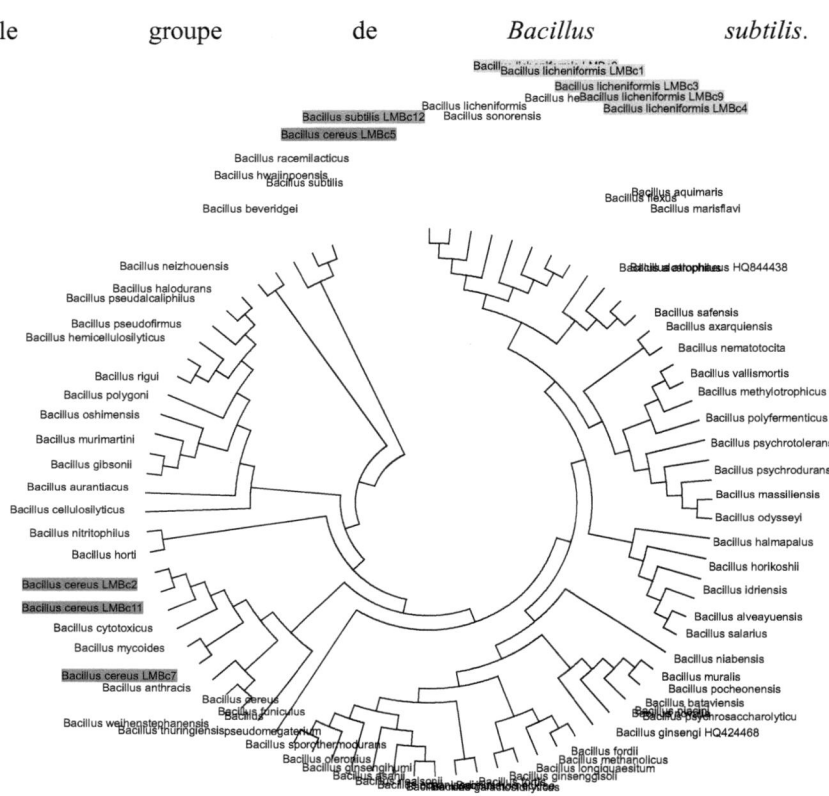

**Figure 14 :** Arbre phylogénétique montrant la position des isolats obtenus à partir de la semoule de couscous algérienne établi sur la base de la comparaison des séquences de gènes d'ARN 16S de la base de données du NCBI.

*Résultats*

## III. 3. 5. Détermination de l'affiliation des souches de *Bacillus cereus*

Les espèces de *Bacillus cereus* identifiées après séquençage du gène 16S appartiennent au groupe *Bacillus cereus sensu lato*. Au sein de ce groupe 7 sous groupes ont été définis. La classification de Guinebertière et *al.* (2008) a permis de les associer à différents groupes écologiques. Au niveau moléculaire, cette classification est basée par l'alignement de séquence du gène *pan*C (https://www.tools.symprevius.org/Bcereus/). Dans cette étude, la compilation des séquences a abouti à la classification des souches LMBc2, LMBc5, LMBc7 et LMBc11 dans le groupe phylogénétique de *Bacillus cereus* groupe IV avec un taux d'identité de 100%.

## III. 4. Thermorésistance des souches

De la fabrication à la consommation du couscous la température est le principal facteur physique influant l'évolution de la population bactérienne. Cet effet se manifeste soit par une décroissance (destruction par traitement thermique) et/ou une croissance de la population lors des attentes avant sa consommation. Dans ce travail cet effet a été étudié dans deux volets différents, le premier concerne l'étude de leur thermorésistance. Et le deuxième à la croissance de ces bactéries sera consacré dans le chapitre suivant.

## III. 4. 1. Etude de la thermorésistance des spores bactériennes

La thermorésistance des souches testées a été étudiée à différentes températures de 90°C à 105°C. Pour les souches de *Bacillus* étudiées, les cinétiques de destruction thermique ont montré une hétérogénéité de forme

*Résultats*

(Figures 15, 16, 17, 18 et 19). Les cinétiques de survie ont montré des formes non log linaires pour les souches (LMBc2, 5, 11 et 12) et linaires pour la souche de *Bacillus cereus* LMBc7. Ces cinétiques ont été décrites par le modèle de Weibull (Mafart et *al.*, 2002). La courbure des cinétiques concave ou convexe est quantifiée par le paramètre de la forme « p ».

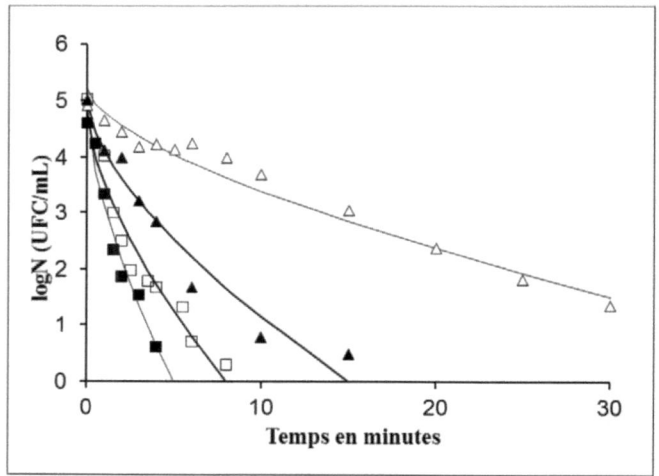

Figure 15 : Evolution de log N (UFC.mL$^{-1}$) en fonction du temps de traitement thermique pour *Bacillus subtilis* LMBc12. Température de traitement: △ 90°C, ▲ 95°C, □ 98°C, ■ 100°C.

*Résultats*

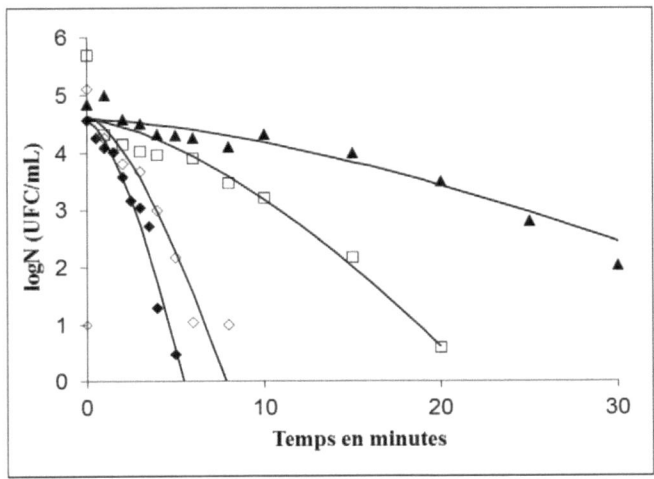

**Figure 16 :** Evolution de log N (UFC.mL$^{-1}$) en fonction du temps de traitement thermique pour *Bacillus cereus* **LMBc5**. Température de traitement : △ 90°C, □98°C, ◇102°C, ◆ 105°C.

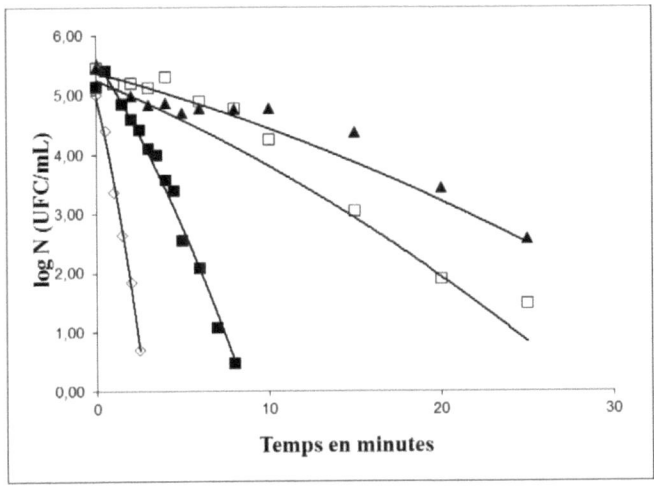

**Figure 17 :** Evolution de log N (UFC.mL$^{-1}$) en fonction du temps de traitement thermique pour *Bacillus subtilis* **LMBc7**. Température de traitement : ▲ 95°C, □98°C, ■ 100°C, ◇102°C.

*Résultats*

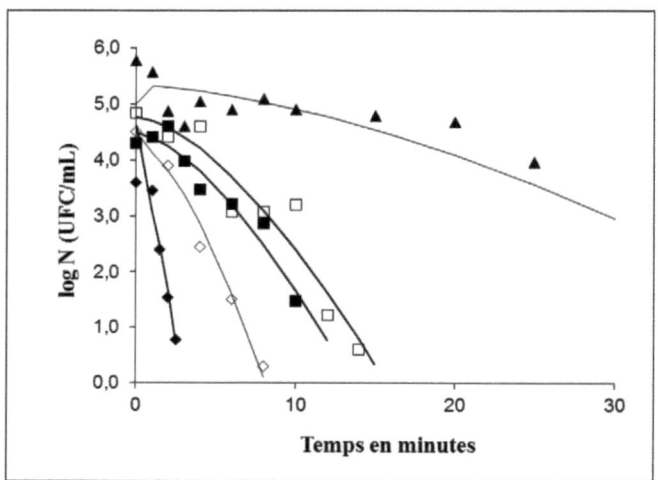

**Figure 18 : Evolution de log N (UFC.mL$^{-1}$) en fonction du temps de traitement thermique pour *Bacillus cereus* LMBc11. Température de traitement : ▲ 95°C, □ 98°C, ■ 100°C, ◇ 102°C, ♦ 105°C.**

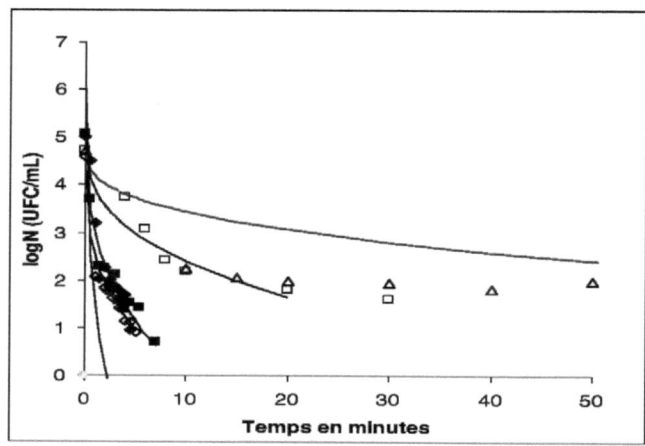

**Figure 19 : Evolution de log N (UFC.mL$^{-1}$) en fonction du temps de traitement thermique pour *Bacillus cereus* LMBc2. Température de traitement : △ 90°C, □ 98°C, ■ 100°C, ◇ 102°C, ♦ 105°C.**

*Résultats*

La souche de *Bacillus cereus* LMBc7 a une cinétique de destruction linaire dont le paramètre p=1. Cependant les cinétiques non linéaires ont un paramètre p différent de 1. Pour le paramètre p supérieurs à 1, la courbe prend une forme concave comme celles des souches *Bacillus cereus* LMBc5 et 11. Cependant pour le paramètre p inférieure à 1, la courbe est de forme convexe comme celle obtenue pour la souche *Bacillus cereus* LMBc2 et *Bacillus subtilis* LMBc12. Les résultats montrent que la forme de la cinétique ne dépend pas de l'espèce mais plutôt de la souche traitée. Les valeurs du paramètre p sont résumées sur le tableau 9. Le paramètre de la pente δ (temps de première réduction décimale) quantifie la thermorésistance des spores bactériennes aux différentes températures.

Dans cette étude, une valeur unique du paramètre p a été déterminée pour toutes les cinétiques d'une souche (Couvert et *al.*, 2005). Comme le montre le tableau 9, les valeurs de delta (δ) sont inversement proportionnelles à la température du traitement. Plus la température de traitement infligée à la population augmente plus le premier temps de réduction décimale diminue (δ).

Tableau 9 : Valeurs de δ (min), paramètre p, $z_T$ (°C) et $t4D_{90°C}$ (h) estimées pour les souches de *B. cereus* et *B. subtilis*; les températures s'étalent de 90 à 105°C.

|  | *Bacillus cereus* LMBc2 | *Bacillus cereus* LMBc5 | *Bacillus cereus* LMBc7 | *Bacillus cereus* LMBc11 | *Bacillus subtilis* LMBc12 |
|---|---|---|---|---|---|
| p | 0,37 ±0,087 | 1.52±0,24 | 1.00±0,18 | 1,57±0,32 | 0,62±0,10 |
| $δ_{90°C}$ | 9,90 ±9,74 | ND | ND | ND | 0,35±1,74 |
| $δ_{95°C}$ | 0,68 ±0,72 | 18,33±3,11 | 8,14±2,72 | 17,51±3,89 | 1,30±0,68 |
| $δ_{98°C}$ | ND | 8,09±1,50 | 6,91±2,36 | 6,83±1,58 | 0,62±0,32 |
| $δ_{100°C}$ | 0,14 ±0,15 | 7,90±1,30 | 1,57±0,55 | 5,81±1,39 | 0,38±0,19 |
| $δ_{102°C}$ | 0,18 ±0,18 | 2,85±0,56 | 0,71±0,26 | 3,22±0,80 | ND |
| $δ_{105°C}$ | 0,10 ±0,11 | 2,01±0,38 | 0,58±0,21 | 1,23±0,33 | ND |
| $z_T$ °C | 7,71 ±4,81 | 10,16±4,61 | 7,52±5,06 | 9,03±2,42 | 10,38±1,85 |
| $R^2$ | 0,91 | 0,94 | 0,88 | 0,98 | 1 |
| t4D à 90°C (heure) | 3,73 | 2,33 | 2,98 | 2,52 | 0,58 |

ND: non determine

*Résultats*

Les valeurs de δ à 100 ° C de toutes les souches de *B. cereus* variaient de 0,14 à 7,90 minutes (cf tableau 9). Ces valeurs montrent que la résistance est variable et est dépendante de la souche. En outre, les valeurs de δ dépendent également de la forme des cinétiques. De ce fait, le temps nécessaire pour atteindre 4 réductions décimales (t4D : eq. 2 cf chapitre matériels et méthodes) de la population des spores est apparu plus pertinent pour comparer les thermorésistances Les valeurs des t4D ont été déterminés à 90 °C (cf tableau 9). *B. cereus* LMBc2 est apparu comme la souche la plus résistante tandis que *B. subtilis* LMBc12 était la souche la plus thermosensible. La thermorésistance des spores bactériennes est quantifiée par la valeur du paramètre δ qui dépend de la température de traitement. Cet effet est décrit par le modèle de Bigelow (1921), et la thermosensibilité est quantifiée par le paramètre $z_T$. La valeur du paramètre $z_T$ la plus élevée (10,38 ° C) a été observée chez *B. subtilis* LMBc12 alors que la valeur la plus faible (7,52 ° C) a été obtenue pour *B. cereus* LMBc7. Le tableau 9 fait apparaître une variabilité de la thermosensibilité pour les différentes souches de *Bacillus cereus* étudiées. La figure 20 montre la sensibilité des souches au traitement thermique.

*Résultats*

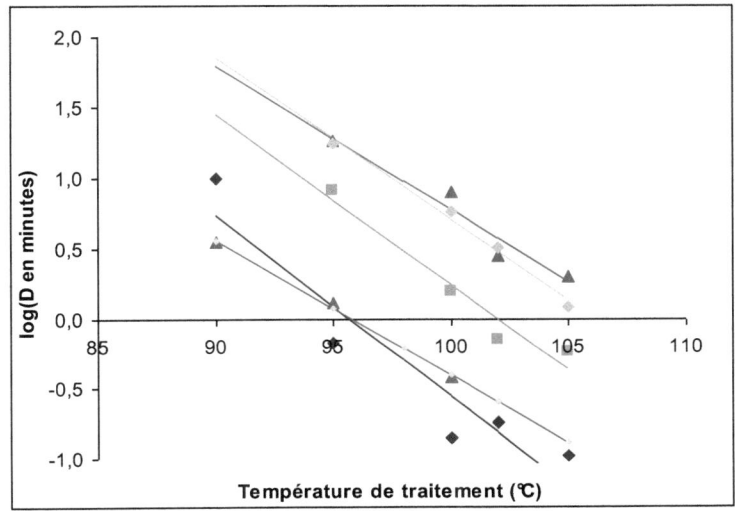

**Figure 20 : Sensibilité au traitement thermique.** ▲LMBc 5 ; ◆ LMBc 11 ; ■ LMBc 7 ; ▲LMBc 12 et ◆ LMBc2.

La même figure 20 montre, que les droites de tendances ne sont pas tous parallèles (dépend de $z_T$) qui renseignent sur la dépendance de la thermo-sensibilité à l'allure de cinétique de destruction c'est-à-dire de paramètre p. Elle montre, que les droites de tendances ne sont pas tous parallèles. Les droites de tendance ont été disposé selon leur valeur du paramètre p. Les droites de thermosensibilité issues de cinétiques convexe sont en dessous des droites dont les cinétiques sont concaves. Par ailleurs, elles sont intercalées par la droite issue de la cinétique linéaire. En outre, la droite affectée au traitement thermosensible est au-dessous de plus thermorésistant. Par ailleurs, la combinaison de ces courbes permet de déduire la thermo-sensibilité graphiquement.

## III. 4. 2. Validation de la thermorésistance des spores dans la semoule de couscous

*Bacillus cereus* LMBc5 montre la même forme de la cinétique de survie (cf figure 21) dans la semoule de couscous comme dans le milieu de traitement. La même valeur de p a été estimée avec une valeur de delta $\delta_{95°C}$ inferieure à celle du milieu de traitement ($\delta_{95}$=7,48±1,35 minutes) vs 18,33±3,11min dans le BHI

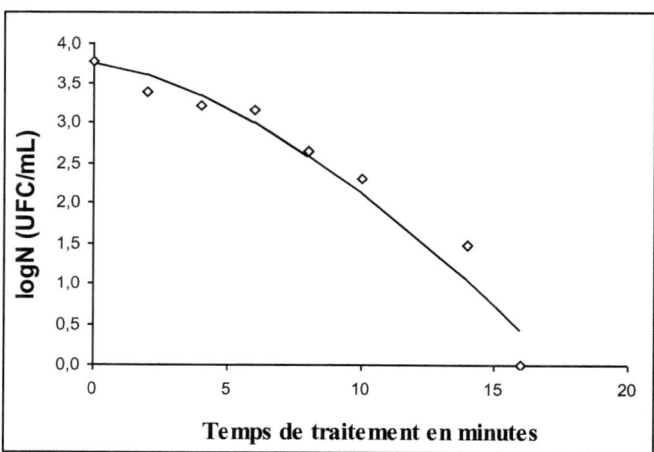

**Figure 21 : Cinétique de destruction de *Bacillus cereus* LMBc5 à 90°C dans la semoule de couscous.**

## III. 5. Paramètres de croissance de *B. cereus* LMBc11

Lors de la conservation de la semoule de couscous après préparation et ré-humidification, les spores de *Bacillus cereus* peuvent germer et se développer. Afin d'évaluer les capacités de croissance des souches, nous avons réalisé un challenge test.

La semoule de couscous a été réhydratée puis a été ensemencée par des spores bactériennes de la souche *Bacillus cereus* LMBc11. Les croissances ont été réalisées à 30°C, la semoule de couscous ayant un pH de 6,7. La figure 22 montre le dénombrement de *Bacillus cereus* LMBc11 sur milieu Mossel après ensemencement par l'ensemenceur en spiral.

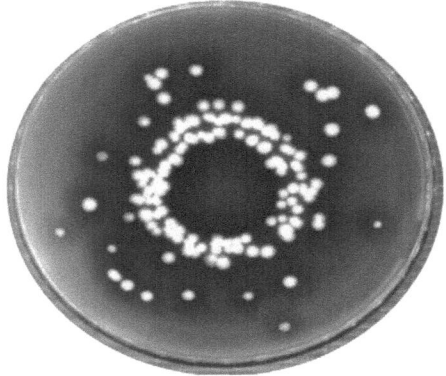

**Figure 22 : Colonies de *Bacillus cereus* LMBc11 obtenu sur milieu Mossel suite à l'ensemencement par ensemenceur spiral.**

La cinétique de croissance de la souche testée de *Bacillus cereus* LMBc11 est présentée sur la figure 23.

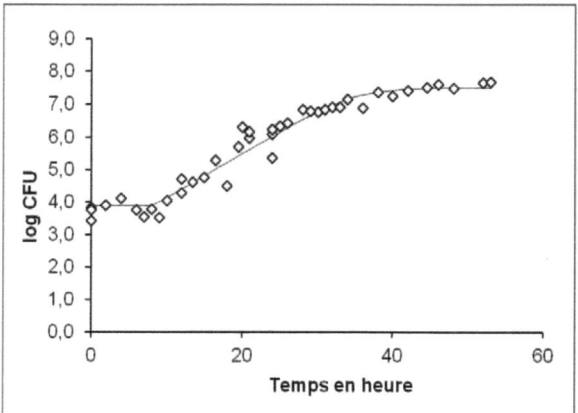

**Figure 23 : Cinétique de croissance de *Bacillus cereus* LMBc11 dans la semoule du couscous à 30°C et à pH 6,7.**

Les paramètres de croissance (temps de latence, taux de croissance et population maximale atteinte) ont été déterminés selon le modèle primaire de Rosso (eq. 3 cf chapitre matériels et méthodes). La cinétique est sigmoïde et se caractérise par une phase de latence de 8 heures à partir d'un inoculum de $10^4$ UFC/g, une phase exponentielle caractérisée par un taux de croissance maximal de $0.328h^{-1}$ [$0.283 - 0.373h^{-1}$] et une phase stationnaire commence lorsque la population atteint une concentration maximale de $10^7$ bactérie par g (cf figure 23). Ces valeurs du taux de croissance maximal associées aux valeurs cardinales de croissance disponibles en bibliographie (Carlin et *al.*, 2013). Elles permettent de simuler les croissances de *Bacillus cereus* en fonction du temps et des températures.

# IV. DISCUSSION

## *Discussion*

Cette étude s'est proposée de déterminer la microflore sporulée dominante de la semoule de couscous ainsi que leur comportement vis-à-vis du changement des conditions susceptibles de prévaloir durant la préparation du couscous et de sa conservation.

Le couscous est un aliment traditionnel chez les Nord Africains comme le riz chez les asiatiques. C'est une des principales sources alimentaires amylacées consommées dans les pays du Maghreb. Cependant d'un point de vu des risques sanitaires et des toxi-infections alimentaires collectives, le couscous peut présenter le même danger et/ou risque que le riz. Plusieurs travaux ont montré la prévalence de bactéries sporulées avec une forte présence de *Bacillus cereus* dans le riz (Gilbert et *al.*, 1974 ; Grande et *al.*, 2006 ; Ankolekar et *al.*, 2009 ; Sandra et *al.*, 2012). Cette étude a pu confirmer une similitude des prévalences microbiennes entre le riz et le couscous.

Les résultats de cette étude ont confirmé la présence de spores bactériennes dans la semoule de couscous comme dans le riz. Ces résultats consolident aussi les travaux notamment de Spicher (1986) ; Baily et Von Holy (1993) ; Rosenkuist et Hansen (1995) ; Fang et *al.* (1997) ; Berghofer et *al.* (2003) ; Chitov et *al.* (2007) ; Valerio et *al.* (2012) qui montraient la contamination de produits à base de blé dur par les spores bactériennes. Les travaux de Valerio et *al.* (2012) et Rosenkuist et Hansen (1995) visaient à étudier la biodiversité de la semoule et la farine de blé en spores bactériennes. Baily et Von Holy (1993) ont montré la contamination par *Bacillus spp* dans la farine avec l'objectif de déterminer la source de *Bacillus* spp dans le pain.

## *Discussion*

Berghofer et *al*. (2003) ont montré que 91% des échantillons (100) étaient contaminés par les spores bactériennes mésophiles. Par ailleurs, Spicher (1986) a étudié la qualité hygiénique de la farine de blé. Cependant, Fang et *al*. (1997) et Chitov et *al*. (2007) avaient un objectif épidémiologique c'est-à-dire ont ciblé directement *B. cereus* impliqué dans les TIAC. Cette contamination est peut être apportée par le sol durant les premières étapes de récolte et/ou au cours de process. En revanche, ces bactéries ubiquitaires sont inévitables dans la majorité des produits alimentaires. Par ailleurs, leurs concentrations et/ou leur biodiversité se varient d'un produit à un autre et d'un échantillon à un autre.

Dans cette étude, une concentration faible en spores a été détectée 20UFC/g en moyenne. Ce comptage semble être affirmatif au dénombrement des spores bactériennes dans la farine du blé (Rogers et Hasseltine, 1978 ; Spicher, 1986 ; Baily et Von Holy, 1993 ; Rosenkuist et Hansen, 1995). Rogers et Hasseltine (1978) ont montré sur 78 échantillons analysés, une contamination très faible dont le nombre de spores était égal ou inferieur à 10 spores par gramme. Les échantillons étaient issus de 6 régions des Etats Unis d'Amérique (USA). Spicher (1986) a montré aussi une contamination de la farine de blé inferieure ou égale à $10^3$ spores par gramme. Ces résultats ont été aussi obtenus par Baily et Von Holy (1993) dans le même produit. Par ailleurs, Rosenkuist et Hansen (1995) ont détecté des concentrations en spores très faible : en moyenne 1,8 à 5,7 spores par gramme de blé et sa farine respectivement. D'autre part, la semoule analysée par Valerio et *al*. (2012) a révélé une contamination de l'ordre $10^2$ spores par gramme.

Les résultats de notre étude contrastent avec le nombre élevé des spores bactériennes trouvées dans une grande partie des échantillons de

*Discussion*

farine de blé analysée par Valerio et *al.* (2012) et Yusuf et *al.* (1992). Ces derniers auteurs ont montré une contamination très faible de cinq échantillons (2,0%), une contamination d'environ $10^3$ spores par gramme pour 84 échantillons (28,0%) et plus de $10^4$ spores par gramme pour les 216 échantillons restants (70,0%). Parmi les souches isolées, 72 isolats ont montré un pouvoir producteur d'entérotoxine. Entre outre, Valerio et *al.* 2012 ont montré que dans 23% de 69 d'échantillons de la semoule analysée, le nombre des spores bactériennes dépasse $10^2$ spores par gramme.

Cette différence de niveau de contamination est probablement liée à la variabilité d'origine des échantillons, des conditions de récolte, de stockage et de process de transformation ainsi que l'hétérogénéité de la semoule de couscous issue de plusieurs matières premières de différentes régions et parfois de pays.

Concernant les isolats obtenus, l'identification a révélé qu'ils appartenaient *à B. cereus, B. licheniformis* et *B. subtilis.* Malgré le faible nombre d'échantillons analysés, les différentes espèces de *Bacillus* sporulées inventoriées correspondent à celles citées dans les études bibliographiques. Pour les 10 échantillons analysés, trois espèces ont été identifiées. Cependant à ce niveau d'étude, cette biodiversité est encore à valider par un nombre d'échantillons plus élevé. Par ailleurs, la biodiversité de spores bactériennes de la semoule a été montrée par plusieurs auteurs notamment Baily et Von Holy (1993) ; Rosenkvist et Hansen (1995) et Valerio et *al.* (2012). Baily et Von Holy (1993) ont montré la contamination de la farine de semoule par 6 espèces des *Bacillus* spp (300 souches identifiées) avec prévalence de *B. licheniformis* et *B. subtilis.* Valerio et *al.* (2012) ont montré la présence de 13 espèces (sur 176 souches) de *Bacillus*

*Discussion*

avec prévalence de *B. amyloliquefaciens* (54%) suivi par *B. licheniformis* (12%). Par ailleurs, Rosenkvist et Hansen (1995) ont recensé 15 espèces de *Bacillus* sur un total de 422 souches isolées à partir de 278 échantillons de grains de blé.

L'ensemble des *Bacillus* identifiées dans la semoule de couscous étudiées appartenaient au groupe *Bacillus cereus* (Guinebretière et *al.*, 2008) et *Bacillus subtilis* (Wang et *al.*, 2007).

Parmi ces souches isolées, *Bacillus licheniformis* est présent en forte proportion (50%) suivi de *Bacillus cereus* (40%). La prédominance d'une espèce ou une autre n'est pas liée au produit lui-même mais plutôt à son trajet de la fourche à la fourchette, c'est-à-dire dépend de la complexité de leur écosystème et de la variabilité de leurs niches écologiques.

Dans cette étude *B. cereus* et *B. licheniformis* ont montré une forte prévalence. La prédominance de *Bacillus cereus* a été constatée aussi par Berghofer et *al.* (2003) ; Valerio et *al.* (2012) dans la farine de blé. Berghofer et *al.* (2003) ont montré la contamination de 81 échantillons, versus 100 échantillons analysés, par *Bacillus cereus*. Par ailleurs, Valerio et *al.* (2012) ont isolé 31 souches de *B. cereus* sur 176 souches de *Bacillus* spp. Ces auteurs ont révélé la prévalence de *B. amyloliquefaciens* (95 souches) suivie par *B. cereus* et *B. licheniformis* (12 souches).

Entre outre, la prévalence de *Bacillus licheniformis* a été montrée notamment par Baily et Von Holy (1993) et Rosenkuist et Hansen (1995) dans les grains, semoule et la farine de blé. Baily et Von Holy (1993) ont identifié 41,1% de souches (300) comme étant *B. licheniformis*. Par ailleurs, Rosenkuist et Hansen (1995) ont identifié parmi 422 souches, 48,2% de souches de *B. licheniformis* suivi par *Bacillus subtilis* (7,2%).

*Discussion*

Cependant, dans notre étude une seule souche a été identifiée comme appartenant à *Bacillus subtilis* (10%) présente une proportion très faible comme était montré par Valerio et *al*. (2012) et Rosenkuist et Hansen (1995).

Par ailleurs, les seules espèces de *B. subtilis* et *B. licheniformis* ont été isolées à partir de pain ropy par Rosenkuist et Hansen (1995).

Dans nos résultats, la semoule de couscous présente un rapport important des espèces par rapport au nombre d'échantillons. En termes de biodiversité, il était aussi montré dans les produits à base de blé dur par la majorité des travaux consultés principalement ceux de Rosenkuist et Hansen (1995) et Valerio et *al*. (2012). Cependant en termes de composition en microflores sporulées, ces espèces identifiées dans cette étude ont été toujours recensées dans les produits à base de blé dur à savoir les travaux de Rosenkuist et Hansen (1995) et Valerio et *al*. (2012).

Par ailleurs, d'autres espèces identifiées par d'autres chercheurs n'étaient pas détectées dans les échantillons de la semoule de couscous analysés. Valerio et *al*. (2012) ont identifié autres 13 espèces dont 54% appartenaient à *Bacillus amyloliquefaciens*. Yusuf et *al*. (1992) et Rosenkuist et Hansen (1995) ont également identifié *Bacillus mycoides* et *Bacillus pumilus* respectivement. En fait, les espèces inventoriées dans la semoule de couscous n'étaient pas exhaustives. C'est-à-dire l'absence des autres espèces de groupe *Bacillus cereus*, de *Bacillus subtilis* et/ou d'autre groupe n'était pas confirmée. Le nombre d'échantillons étudiés semble insuffisant pour juger la composition en termes de bactéries sporulées dans la semoule de couscous et/ou sa qualité microbiologique ni de sa biodiversité. Tel n'était pas l'objectif de notre travail.

*Discussion*

Dans cette étude, toutes les souches de *Bacillus cereus* ont été affiliées au groupe IV. Il s'agit d'un groupe mésophile correspondant à l'espèce *B. thuringiensis* IV ou *B. cereus* IV (Guinebertière et *al*., 2008). Il est représenté typiquement par la souche ATCC 14579. Les souches de ce groupe sont généralement cytotoxiques (Guinebertière et *al*., 2008).

Ces résultats confirment les travaux de Guinebertière et *al*. (2003) qui montrent la présence de *Bacillus cereus* groupe IV dans les céréales et les produits amylacés. Cependant comme le souligne les travaux de Guinebertière et *al*. (2003), la présence de *Bacillus cereus* du groupe 3 auraient pu être également observée dans ces produits amylacés.

La température d'isolement de 30°C de ces souches est dans la gamme des températures adaptées à la croissance des bactéries de groupe IV. A cette température d'isolement, probablement, un éventail des souches psychrotrophes et thermophiles était exclu de la recherche dans la semoule de couscous.

Comme signalé dans la synthèse bibliographique, les bactéries du groupe *Bacillus* sont reconnues pour leur incrimination dans les TIAC à la suite de la consommation de quantité toxique en bactéries et/ou leurs toxines. Cette consommation est à l'origine des intoxications aigues dont l'apparition est immédiate.

Concernant la thermorésistance, les résultats ont également montré une hétérogénéité de la thermo-résistance. Les cinétiques de destruction des spores des souches de *Bacillus cereus* et *Bacillus subtilis* ont été décrites et modélisées par le modèle de Weibull, Mafart et *al*. (2002). Ce modèle se caractérise par des paramètres biologiquement significatifs à savoir le premier temps de réduction décimale ($\delta$) et la forme de la courbe ($p$). La

*Discussion*

valeur du paramètre p renseigne sur l'homogénéité et le comportement des spores bactériennes durant le traitement thermique isotherme. Comme il a été signalé auparavant, le paramètre p, peut avoir une valeur égale à 1 ou différente de 1 pour les cinétiques linéaires ou non log linéaires respectivement. Les courbes que nous avons observées étaient semblables aux courbes observées par Valdramidis et *al.* (2008). Les courbes non log-linéaire ont été obtenues aussi par Geeraerd et *al.* (2000) lorsqu'ils ont testé la performance de différents modèles sur un jeu de données expérimentales pour *B. cereus*. Les auteurs ont observé des courbes avec « épaulement » et « trainée ».

Les cinétiques non log-linéaires étaient observées chez les spores de *B cereus* LMBc2, LMBc5 et LMBc11 et *B subtilis* LMBc12, les souches de *B. cereus* LMBc5 et LMBc11 ont présenté une cinétique concave contrairement aux souches *B. cereus* LMBc2 et *B. subtilis* LMBc12 qui ont présenté des cinétiques convexes.

Les cinétiques avec courbature concave et un épaulement, résultent d'une activation de la population avant sa destruction. Pour ce type de destruction, la destruction commence lentement puis s'accélère au cours de traitement thermique.

Par ailleurs, les spores bactériennes dont la cinétique est convexe, la destruction des spores au début du traitement à une température donnée est très rapide (chute rapide de la population traitée). Cependant, à la fin du traitement, la thermorésistance se stabilise avec la formation de trainée ou de queue. Dans ce cas, la présence de deux populations (une sensible et d'autre résistante) semble être la seule hypothèse pour expliquer ce type de

*Discussion*

cinétique car toutes formes végétatives étaient éliminées par le traitement à l'éthanol avant la conservation des spores bactériennes.

La cinétique linéaire (renseignée par un p égal à 1) était observée avec la spore *Bacillus cereus* LMBc7. Cette cinétique nous indique que la destruction est homogène avec l'expression de delta sous forme de D : le temps de réduction décimale.

Les valeurs des paramètres delta ($\delta$) sont liées à la forme de la cinétique. L'instruction « riskDuniform » du logiciel @risk a été utilisée pour déduire la valeur la plus représentative de la thermorésistance des souches étudiées. Par exemple la température de process du couscous (95°C en moyenne). Cette valeur sert à comparer la thermo-résistance de souches étudiées avec les souches de la littérature. Les *Bacillus cereus* de groupe IV s'étaient avérées plus résistantes que les souches étudiées par Hue et *al.* (2014). La valeur de la durée de réduction décimale à 95°C ($D_{95°C}$) représentative était de 6,97 minutes.

Par ailleurs, les résultats de la thermorésistance de la souche de *Bacillus subtilis* étaient en concordance avec les résultats Montville et *al.* (2005). Ces derniers ont montré une valeur de $D_{95°C}$ égale à 1,5 minutes. Cependant, les résultats de notre étude sont en discordance avec les résultats de Janstova et Lukasova (2001) qui ont montré des valeurs de $D_{95°C}$ comprises entre 1,78 et 3,26 minutes.

Le paramètre $t4D_{90°C}$ correspond à la durée de traitement à une température donnée nécessaire pour quatre réductions décimales de la population de spores. Au sein des souches étudiées, les valeurs de $t4D_{90°C}$ sont plus facilement utilisables pour comparer la thermorésistance des

*Discussion*

souches. Ce temps a été estimé à 90°C qui est proche de la température de process de la cuisson du couscous.

A la température de process (90°C), le temps nécessaire pour atteindre quatre réductions décimales a été estimé à 2,3h et 3,7h pour *B. cereus* LMBc5 et LMBc2 respectivement. Par ailleurs, la souche de *Bacillus cereus* LMBc2 semble être plus thermorésistance parmi les souches étudiées. Ces souches de *B. cereus* groupe IV étudiées semble être plus résistantes que celles étudiées par Hue et *al.* (2014). La valeur de t4D représentative pour souches de Hue et *al.* (2014) était estimé à 1h.

Par contre, la souche de *Bacillus subtilis* étudiée est la plus thermosensible (0,6h). Il faut noter que ces spores bactériennes isolées à partir du couscous ont résisté au traitement thermique appliqué lors de la transformation des aliments et ont comme origine une recontamination post-traitement du produit.

La sensibilité ($z_T$) des spores de *Bacillus* au traitement thermique a été déterminée par ajustement de modèle de Bigelow (1921). Les valeurs de sensibilité varient de 7,52 °C à 10,38 °C et dépendent de la souche concernée.

Les spores étudiées dans ce travail présentaient une sensibilité ($z_T$) proche de celle présentative (estimée à 8,8°C) des valeurs rapportée par Bergère et Cerf (1992). Par contre les valeurs obtenues dans ce travail sont plus faibles que celles rapportées par Janstova et Lukasova (2001) qui égale à 12,8 et 15,37°C pour *B. cereus* et *B. subtilis* respectivement.

Le traitement des spores de *Bacillus cereus* LMBc5 dans le couscous à 90°C, a montré une sensibilité par rapport aux spores traitées dans le BHI.

*Discussion*

Une même différence entre la matrice alimentaire et le milieu de traitement a été observée par Montville et *al.* (2005). Cette différence peut être due à la composition de la matrice alimentaire et principalement l'amidon. Cependant, l'amidon a un effet protecteur des spores bactériennes durant la revivification (González et *al.*, 2007).

Le processus de cuisson ne semble pas être suffisant pour détruire toutes les formes sporulées existantes dans la matière première. Toutefois cette cuisson peut activer les spores bactériennes omniprésentes. Ces spores une fois activées pourraient-elles germer et se développer dans la semoule de couscous ?

Le développement des bactéries dépend de la température de stockage qu'elle même dépend étroitement du climat de la région. Généralement, le couscous est gardé à la température ambiante avant la première consommation et/ou réfrigérateur pour plusieurs consommations. *Bacillus cereus* groupe IV se développe bien à des températures ambiantes car leur température optimale est de 38°C. À cette température, le taux de sa croissance est maximal mais quand la température s'en éloigne, la croissance ralentit. Le taux de croissance de *Bacillus cereus* groupe IV, déterminé dans la semoule du couscous à 30 °C, était similaire à celui estimé de *Bacillus cereus* groupe IV ensemencées dans le riz (Gilbert et *al.*, 1974).

Par ailleurs, le temps de latence de *Bacillus cereus* testé est largement suffisant pour la germination des spores de *Bacillus cereus*. Ces résultats ont montré aussi que la souche de *Bacillus cereus* étudiée peut atteindre des concentrations toxiques. Selon Carlin et *al.* (2013), la croissance de *B. cereus* du groupe IV se développe à des températures

*Discussion*

comprise entre 8 °C et 48 °C, avec une température optimale proche de 38 °C. Les cellules de *Bacillus cereus* se multiplient à des vitesses variables qui atteignent son maximum à la température optimale. À partir de ces valeurs de températures cardinales $T_{min}$, $T_{max}$ $T_{opt}$, les taux de croissance différents ont été calculés en utilisant le concept de gamma et des modèles de températures cardinales développés par Rosso et *al.* (1996) (équations 4 et 5).

$$\mu_{max} = \gamma \cdot \mu_{opt} \qquad \text{Eq 4}$$

$$\gamma(T) = \frac{(T-T_{min})^2(T-T_{max})}{(T_{opt}-T_{min})[(T_{opt}-T_{min})(T-T_{opt})-(T_{opt}-T_{max})(T_{opt}+T_{min}-2T)]} \qquad \text{Eq 5}$$

En fait, dans la semoule du couscous, un taux de croissance optimal ($\mu_{opt}$) de 0,4 h$^{-1}$ a été calculé à 38 °C. Le temps de génération (g) proche de l'inverse de μ représente le temps de génération (g=2,5heures).

La semoule de couscous était proche de celle du riz dont le taux de croissance optimale ($\mu_{opt}$) pour *B. cereus* groupe IV est de 0,6 h$^{-1}$ (Carlin et *al.*, 2013).

Selon le modèle cardinal de Rosso, le taux de croissance spécifique calculé était de 0.11h$^{-1}$ à 20 °C. Compte tenu d'une contamination initiale de 1 CFU par gramme de la semoule de couscous, la dose seuil menant à l'intoxication de 10$^5$ CFU par gramme pourrait être atteinte dans 11 heures à 38 °C, et 40 h à 20 °C. Par conséquent, la semoule du couscous semble être une matrice favorable pour le développement des spores de *B. cereus*.

*Discussion*

Ces résultats peuvent être exploités dans l'objectif d'abord d'évaluer l'impact du traitement thermique non isotherme sur l'inactivation bactérienne et le calcul de l'efficacité du procédé. Ces résultats peuvent également être utilisés dans un outil d'analyse du risque de *Bacillus cereus* associé à la consommation de la semoule de couscous. Une contribution à l'évaluation d'exposition a été faite d'après ces résultats. Réellement, la contamination initiale de la semoule de couscous chez le commerçant était trop basse pour provoquer une intoxication alimentaire (la concentration toxique de l'espèce plus toxique est de $10^5$ UFC/gramme (cf chapitre 1)). Alors, la semoule de couscous ne représente pas de risque ou un risque faible pour le consommateur de point de vue présence de cellules bactériennes dans le produit au moment de l'achat.

Les spores sont présentes dans la semoule de couscous avant la cuisson. A cette étape les bactéries ne peuvent pas se développer à cause de l'activité d'eau plus faible ($\mu$ proche de 0). Cependant, l'activité d'eau peut être augmentée grâce à l'amplitude thermique (les paquets sont plastiques). Par conséquent, il pourra avoir une croissance de bactéries. La croissance de bactéries chez le détaillant est très lente. Le nombre maximal des bactéries à la sortie de commerce était estimé à 4 log/g.

Après la cuisson, les deux scenarios limites possibles ont été envisagés. Le premier (S1) est le plus sûr se caractérise par 3 cycles de cuisson à 98°C pendant 20 minutes. Par ailleurs le deuxième (S2) est plus favorable pour la survie des spores bactériennes avec deux cycles de cuisson pendant 10 minutes (données d'expertise). A la sortie de process, la concentration maximale en spores bactériennes a été estimée à 560 UFC/g. Cette estimation a été réalisée à l'aide du logiciel @risk.

## *Discussion*

Cette concentration était probablement amplifiée durant le stockage. Le pire scenario (S3) probable était de garder le couscous 12 heures (avant la consommation de la deuxième portion) à la température ambiante estimée à 30°C (la température saisonnière n'était pas prise en compte). Alors, le niveau de spores bactériennes au moment de consommation était estimé au maximum à 4 log/g.

De ce fait, les concentrations en spores de *Bacillus cereus* estimées étaient inferieures à celle du seuil toxique fixé pour ce pathogène soit $10^4$ à $10^5$ UFC/g au moment de la consommation du produit. La connaissance du risque relatif associé à la consommation du couscous contaminé par *B. cereus* nécessite des données complémentaires concernant les modalités de consommation de cet aliment et la courbe dose-réponse.

# CONCLUSION GENERALE ET PERSPECTIVES

## *Conclusion*

Cette étude a eu pour objectif de déterminer la biodiversité en spores bactériennes dans la semoule de couscous ainsi que leurs comportements vis-à-vis des variations de la température. La température est le principal facteur affectant la réponse bactérienne dans le process de préparation du couscous. La préparation du couscous est basée sur des répétitions de cycle de cuisson à la vapeur avant d'être stocké pour être consommé. Par conséquent, le protocole utilisé était établi en basant sur l'effet caractéristique de chaque étape. De point du vue microbiologique, l'étape de cuisson consiste à détruire les bactéries omniprésentes, c'est-à-dire *l'inactivation*. Cependant, suite à sa préparation le couscous conservé dans de mauvaises conditions à la température ambiante permet la croissance des bactéries. Par conséquent, il a été très important d'étudier la thermo-résistance des spores isolées ainsi que leur paramètre de croissance dans le couscous. Le couscous est très consommé en Algérie et est le troisième aliment pouvant être incriminé dans les TIAC en Algérie. C'est probablement une des principales causes des 60% des TIAC non expliquées.

L'analyse microbiologique de la semoule de couscous montre une biodiversité des espèces de bactéries sporulées. Cependant les concentrations différentes d'une espèce à une autre. Les analyses ont recensées différentes espèces prédominantes à savoir *Bacillus licheniformis* et *Bacillus cereus* groupe IV et *Bacillus subtilis* moins représenté. Cet inventaire en espèces n'est pas exhaustif. Les échantillons de la semoule de couscous analysés montraient une contamination plus faible que celle pouvant provoquer une intoxication par *Bacillus cereus* ($>10^5$UCF/g). Elles sont impliquées dans plusieurs cas de TIAC à travers plusieurs pays. Par ailleurs, *Bacillus cereus* est une bactérie très décrite dans la littérature.

## *Conclusion*

Cette bactérie est la troisième cause de TIAC en France. Cependant, en Algérie, cette bactérie n'est pas recherchée dans les analyses microbiologiques des aliments.

Les thermorésistances des spores de *Bacillus subtilis* et de *Bacillus cereus* ont été déterminées. Selon les souches, ces spores ont une thermorésistance variable avec des cinétiques non log-linéaires. Suite à la variabilité des formes de courbes des cinétiques, les thermorésistances de spores de différentes souches ont été comparées sur la base des valeurs des temps de quatre réductions décimales (t4D). La souche de *Bacillus cereus* LMBc2 est la plus résistante à la température de process (90°C). Par ailleurs, à 95°C proche de celles rencontrées dans les process, la souche de *Bacillus cereus* LMBc2 a montré une thermorésistance proche en milieu de laboratoire ou en couscous. Ces résultats sont très importants dans le processus d'évaluation de l'efficacité de cuisson et une éventuelle optimisation. Egalement ces résultats de la thermorésistance sont rassurants pour les consommateurs du couscous.

Par ailleurs, la souche de *Bacillus cereus* a montré un fort potentiel de croissance dans le couscous qui est un milieu favorable pour la croissance de *B cereus* avec des taux de croissance proches à ceux observés dans le riz. Alors, compte tenu les pires scenarios liés à la consommation du couscous (température et temps d'attente à la consommation), nous avons pu déterminer que *B. cereus* n'excède pas la concentration seuil de $10^5$ bactéries /g fixée dans les normes.

A l'issue de cette étude, nous avons pu voir que les couples temps de température de cuisson et de stockage sont des facteurs déterminant pour évaluer la concentration finale en *Bacillus* lors de la consommation. Il en

## *Conclusion*

ressort qu'il est très recommandé de cuire la semoule de couscous trois fois pendant un temps supérieur à 15minutes avec une consommation extemporairement rapide en une seule portion. Sinon, la conservation à la température de réfrigérateur est fortement recommandée.

Ces résultats ont cependant été insuffisants pour évaluer quantitativement le risque associé à la consommation de ces bactéries. Pour cela, une collaboration avec l'INRA de Nantes, a été établie pour réaliser une estimation du risque associé à la consommation du couscous contaminée par les bactéries sporulées.

# REFERENCES BIBLIOGRAPHIQUES

1. AFNOR (1994). Microbiologie : Directives générales pour le dénombrement de *Bacillus cereus*. NF ISO 7932. 203- 217.

2. Agata N., Ohta M. and Yokoyama K. (2002). Production of *Bacillus cereus* emetic toxin (cereulide) in various foods. *Int. J. Food. Microbiol.* 73, 23-27.

3. Akpe A.R., Usuoge P.O.A., Enabulele O.I., Esumeh F.I., Obiazi H.A., Amhanre I.N. and Omoigberale O.M. (2010). Bacteriological and physico-chemical quality of wheaten white bread flour made for Nigerian market. *Pak. J. Nutr.* 9, 1078-1083.

4. Al-Abri S.S., Al-Jardani A.K., Al-Hosni M.S., Kurup P.J., Al-Busaidi S. and Beeching N.J. (2011). A hospital acquired outbreak of *Bacillus cereus* gastroenteritis, Oman. *J. Infect. Publ. Health.* 4, 180-186.

5. Altschul S. F., Gish W., Miller W., Myers E. W. and Lipman D. J. (1990). Basic Local Alignment Search Tool. *J. Mol. Biol.* 215, 403-410.

6. Andersson A., Rönner U. and Granum P.E. (1995). What problems does the food industry have with the spore-forming pathogens *Bacillus cereus* and *Clostridium perfringens*? *Int. J. Food Microbiol.* 28, 145-155.

7. Ankolekar C., Rahmati T. and Labbé R.G. (2009). Detection of toxigenic *Bacillus cereus* and *Bacillus thuringiensis* spores in U.S. rice. *Int. J. Food Microbiol.* 128, 460-466.

8. Anonyme (2011). Épidémiologie des toxi-infections alimentaires collectives en Tunisie. Bienne 2010-2011.

9. Anonyme (2005). Opinion of the scientific panel on biological hazards on *Bacillus cereus* and other *Bacillus spp.* in foodstuffs. *The EFSA J.* 175, 1-48.

10. Aouadhi C., Maaroufi A. and Mejri S. (2013). Incidence and characterization of aerobic spore-forming bacteria originating from dairy milk in Tunisia. *Int. J. Dairy Technol.* 67, 95-102.

11. Aoued L., Benlarabi S. and Soulaymani-Bencheikh R. (2010). Maladies d'origine alimentaire Définitions, Terminologie, Classifications. *Toxicol. Maroc.* 6, 1-16.

12. Assanvo J.B., Agbo G.N., Behi Y.E.N., Coulin P. and Farah Z. (2006). Microflora of traditional starter made from cassava for "attieke" production in Dabou (Cote d'Ivoire). *Food Control.* 17, 37-41.

13. Aydin A., Peter Paulsen P. and Smulders F.J.M. (2009). The physico-chemical and microbiological properties of wheat flour in Thrace. *Turk. J. Agric. For.* 33, 445-454.

14. Azudin N. (1988).The milling process *in* Omeranz Y. Wheat Chemistry and Technology. Vol. I and II. AACC, St. Paul, MN, USA

15. Bailey C.P. and Von holy A. (1993). *Bacillus* spore contamination associated with commercial bread manufacture. *Food Microbiol.* 10, 287 - 294.

16. Bates D.M. and Watts D.G. (1988). Nonlinear Regression Analysis and its Applications. New York, NY: John Wiley & Sons.

17. Belomaria M., Ahami A.O.T., Aboussaleh Y., Elbouhali B., Cherrah Y. and Soulaymani A. (2007). Origine environnementale des intoxications alimentaires collectives au Maroc: Cas de la région du Gharb Chrarda Bni Hssen. *Antropo.* 14, 83-88.

18. Benkadour K. (2002). Les toxi-infections alimentaires collectives (Situation épidémiologique des TIAC au Maroc, 1992-2001) *in* Rapport du séminaire national sur Le système HACCP dans le domaine de l'hygiène alimentaire. Rabat - du 8 au 10 mai 2002.

19. Benlacheheb R. (2008). Scores lipidiques de certains plats traditionnels consommés à Constantine. Thèse de Magister. INATAA. Université de Constantine. 175 p.

20. Bergère J.L. and Cerf O. (1992). Heat resistance of *Bacillus cereus* spores. *Bull. Int. Dairy Fed.* 275, 23-25.

21. Berghofer L., Hocking A. and Miskelly D. (2000). Microbiology of Australian Wheat and the Flour Milling Process. Quality Wheat CRC (Australia) CRC Reports 37.

22. Berghofer L.K., Hocking A.D., Miskelly D. and Jansson E. (2003). Microbiology of wheat and flour milling in Australia. *Int. J. Food Microbiol.* 85, 137-149.

23. Bigelow W.D. (1921). The logarithmic nature of thermal death time curves. *J. Infect. Dis.* 29, 528-536.

24. Boraam F., Faid M., Larpent J.P. and Breton A. (1993). Lactic acid bacteria and yeasts associated with traditional sourdough Moroccan bread. *Sciences des Aliments.* 13, 501-509.

25. Bourgeois C.M. and Larpent J.P. (1996). Microbiologie alimentaire tome 2 : aliments fermentés et fermentations alimentaire. *Tec & doc.* $2^{eme}$ édition. ISBN 0 243 5624, 2- 7430-0080-5.

26. Brychta J., Smola J., Pipek P., On dráček J., Bednář V., Čížek A. and Brychta T. (2009). The Occurrence of Enterotoxigenic Isolates of *B. cereus* in Foodstuffs. *Czech J. Food Sci.* 27, 284–292.

27. Buisson Y. and Teyssou R. (2002). Les toxi-infections alimentaires collectives. Revue française des laboratoires. 348, 61-66.

28. Cadel S.S., De Buyser M.L., Vignaud M.L., Dao T.T., Messio S., Pairaud S., Hennekinne J.A., Pihier N. and Brisabois A. (2012). Toxi-infections alimentaires collectives à *Bacillus cereus* : bilan de la caractérisation des souches de 2006 à 2010 Bulletin épidémiologique, santé animale et alimentation /Spécial Risques alimentaires microbiologiques. 50, 57-61.

29. Candelon B., Guilloux K., Ehrlich S.D. and Sorokin A. (2004). Two distinct types of rRNA operons in the *Bacillus cereus* group. *Microbiology.* 150, 601-611.

30. Carlin F. (2011). Origin of bacterial spores contaminating foods. *Food Microbiol.* 28, 177-182.

31. Carlin F., Albagnac C., Rida A., Guinebretière M. H., Couvert O. and Nguyen-the C. (2013). Variation of cardinal growth parameters and growth limits according to phylogenetic affiliation in the *Bacillus cereus* Group. Consequences for risk assessment. *Food Microbiol.* 33, 69-76.

32. Carlin F., Girardin H., Peck M.W., Stringer S.C., Barker G.C., Martinez A., Fernandez A., Fernandez P., Waites W.M., Movahedi

S., Van Leusden F., Nauta M.J., Moezelaar R., Del Torre M. and Litman S. (2000). Research on factors allowing a risk assessment of spore-forming pathogenic bacteria in cooked chilled foods containing vegetables: a FAIR collaborative project. *Int. J. Food Microbiol.* 60, 117-135.

33. CDC (2000). Intoxications alimentaires associées à l'ingestion de crosses de fougère – Québec 1999. Relevé des maladies transmissible au Canada. 26-20, 165-176.

34. Chitov T., Dispan R. and Kasinrerk W. (2008). Incidence and diarrhegenic potential of *Bacillus cereus* in pasteurized milk and cereal products in Thailand. *J. Food Safety.* 28, 467-481.

35. Codex Standard 202-1995 NORME codex pour le couscous. Codex alimentarius 202-1995.

36. Coskun F. (2013). Production of couscous using the traditional methodin Turkey and couscous in the world. *Afr. J. Agric. Res.* 8 (22), 2609-2615,

37. Coulin P., Farah Z., Assanvo J., Spillmann H. and Puhan, Z. (2006). Characterisation of the microflora of attieke, a fermented cassava product, during traditional small-scale preparation. *Int. J. Food Microbiol.* 106, 131-136.

38. Couvert O., Gaillard S., Savy N., Mafart P. and Leguérinel I. (2005). Survival curves of heated bacterial spores: effect of environmental factors on Weibull parameters. *Int. J. Food Microbiol.* 101, 73-81.

39. D'egidio M.G. and Pagani M.A. (2010). Pasta and couscous : basic food of Mediterranean tradition. *Technica Motiloria International.* 61, 104-115.

40. Daczkowska-Kozon E.G., Bednarczyk A., Biba M. and Repich K. (2009) Bacteria of *Bacillus cereus* group in cereals at retail. *Pol. J. Food Nutr. Sci.* 59, 53-59.

41. Delmas G., da Silva J.N., Pihier N., Weill F.X., Vaillant V. and de Valk H. (2010). Les toxi-infections alimentaires collectives en France entre 2006 et 2008. *Bull. Epidémiol. Hebd.* 31, 344-348.

42. Derouiche M. (2003). Couscous – Enquête de consommation dans l'est algérien, fabrication traditionnelle et qualité. Thèse de Magister. DNATAA. Université de Constantine. 125 p.

43. De-Vuyst L. and Neysens P. (2005). The sourdough microflora: biodiversity and metabolic interactions. *Trends food sci. technol.* 16, 43-56.

44. Di biase M., (2013). Study on spore-forming *Bacillus* species involved in break spoilage, contamination risk evaluation and bio-preservation tool. Università Degli Studi Di Bari, Aldo Moro.

45. Dierick K., Coillie E.V., Swiecicka I., Meyfroidt G., Devlieger H., Meulemans A., Hoedemaekers G., Fourie L., Heyndrickx M. and Mahillon J. (2005). Fatal Family Outbreak of *Bacillus cereus*-Associated Food Poisoning. *J. Clin. Microbiol.* 43, 4277-4279.

46. Djeni N.T., N'Guessan K.F., Toka D.M., Kouame K.A. and Dje K.M. (2011). Quality of attieke (a fermented cassava product) from the three main processing zones in Côte d'Ivoire. *Food Res. Int.* 44, 410-416.

47. Doumandji A., Doumandji-Mitiche B. and Salaheddine D. (2003). Cours de technologie des céréales technologie de transformation des blés et problèmes dus aux insectes au stockage. Office des Publications Universitaires, pp. 1-22.

48. Duc L.H., Dong T.C., Logan N.A., Sutherland A.D., Taylor J. and Cutting S.M. (2005). Cases of emesis associated with bacterial contamination of an infant breakfast cereal product. *Int. J. Food Microbiol.* 102, 245-251.

49. EFSA (2005). *Bacillus cereus* and other *Bacillus* spp in foodstuffs. *EFSA J.* 175, 1-48.

50. Faid M., Boraam F., Zyani I. and Larpent J. P. (1994). Characterization of sourdough bread ferments made in the laboratory by traditional methods. *Zeitschrift für Lebensmittel Untersuchung und Forschung.* 198, 287-291.

51. Fang S.W., Chu S.Y. and Shih D.Y.C. (1997). Occurrence of *Bacillus cereus* in instant cereal Products and their hygienic proprieties. *J. Food Drug Anal.* 5, 139-143.

52. FAO (2005). FAO/WHO regional meeting on food safety for the Near East, Amman, Jordan. The impact of current food safety systems in the Near Esat/Easten Mediterranean region on human health. Available at ftp.fao.org/es/esn/food/meetings/NE_wp2_en.pdf. accessed 22 February 2012.

53. FAO (2005a). FAO/WHO regional meeting on food safety for the Near East, Amman, Jordan. The impact of current food safety systems in the Near Esat/Easten Mediterranean region on human health. Available at ftp.fao.org/es/esn/food/meetings/NE_wp2_en.pdf. accessed 22 February 2012.

54. FAO (2011). Perspective de l'alimentation : analyse de marchés mondiaux. Juin 2011.

55. *FAO (2013). Crop prospects and Food situation. N°2. July 2013.*

56. *FAO (2014). Perspectives Agricoles de l'OCDE et de la FAO 2012-2021. Available on http://stats.oecd.org/Index.aspx?DataSetCode=HIGH_AGLINK_2012&lang=fr.*

57. From C., Pukall R., Hormazabal V. and Granum P.E. (2007). Food poisoning associated with pumilacidin-producing *Bacillus pumilus* in rice. *Int. J. Food Microbiol*. 115, 319-324.

58. FSAI (2011). Microbial factsheet series: *Bacillus cereus*. N°1. September 2011. 1-4.

59. Gaillard S., Leguerinel I. and Mafart P. (1998). Model for combined effects of temperature, pH and water activity on thermal inactivation of *Bacillus cereus* spores. *J. Food Science*. 63, 887-889.

60. Geeraerd A.H., Herremans C.H. and Van Impe J.F. (2000). Structural model requirements to describe microbial inactivation during a mild heat treatment. *Int. J. Food Microbiol*. 59, 185-209.

61. Gilbert R.J., Stringer M.F. and Peace T.C. (1974). The survival and growth of *Bacillus cereus* in boiled and fried rice in relation to outbreaks of food poisoning. *J. Hyg. Cambr*. 73, 433-433.

62. Gonzalez I., Lopez M., Mazas M., Gonzalez J. and Bernardo A. (2007). Thermal resistance of *Bacillus cereus* spores as affected by additives in the recovery medium. *J. Food Safety.* 17, 1-12.

63. Grande M.J., Lucas R., Abriouel H., Valdivia E., Omar N.B., Maqueda M., Bueno M.M., Martınez M. and Galvez A. (2006). Inhibition of toxicogenic *Bacillus cereus* in rice-based foods by enterocin AS-48. *Int. J. Food Microbiol.* 106, 185-194.

64. Griffiths M.W. (1995). Foodborne illness caused by *Bacillus* spp. other than *B. cereus* and their importance to the dairy industry. *IDF Bull.* 302, 3-6.

65. Guinebretière M.H. and Sanchis V. (2003). *Bacillus cereus sensu lato. Bull. Soc. Fr. Microbiol.* 18, 95-103.

66. Guinebretière M.H., Thompson F.L., Sorokin A., Normand P., Dawynd P., Ehling-Schulz M., Svensson B., Sanchis V., Nguyen-The C., Heyndrick M. and De-Vos P. (2008). Ecological diversification in the *Bacillus cereus* Group. *Environ. Microbiol.* 10, 851-865.

67. Guinebretière M.H., Broussolle V. and Nguyen-The C. (2002). Enterotoxigenic profiles of food-poisoning and food borne *Bacillus cereus* Strains. *J. Clin. Microbiol.* 40, 3053-3058.

68. Guinebretière M.H., Girardin H., Dargaignaratz C., Carlin F. and Nguyen-The, C. (2003). Contamination flows of *Bacillus cereus* and spore-forming aerobic bacteria in a cooked, pasteurized and chilled zucchini purée processing line. *Int. J. Food Microbiol.* 82, 223-232.

69. Haeghebaert S., Le Querrec F., Gallay A., Bouvet P., Gomez M. and Vaillant V. (2002). Les toxi-infections alimentaires collectives en France, en 1999 et 2000. *Bull. Epidémiol. Hebd.* 23, 104-109.

70. Hammou J., Benmamoun A., El Menzhi O., Bennouna M., Barkia A., Hasbi B. and Elajroumi H. (2012). Étude communautaire sur le trachome cécitant chez les populations les plus désavantagées au Maroc. *Bull. épidémiol.* Edi Avril, 4-9.

71. Hansen T.B. and Knochel S. (1999). Quantitative considerations used in HAACP applied for a hot-fill production line. *Food Control.* 10, 149-159.

72. Haque A. and Russell N.J. (2005). Phenotypic and genotypic characterization of *Bacillus cereus* isolates from Bangladeshi rice. *Int. J. Food Microbiol.* 98, 23-34.

73. Heldman D.R. and Newsome R.L. (2003). Kinetic models for microbial survival during processing. *Food Technol.* 57, 40-46.

74. Hoornstra D., Andersson M.A., Mikkola R. and Salkinoja-Salonen M.S. (2003). A new method for in vitro detection of Microbially produced mitochondrial toxins. *Toxicol. Vitro.* 17, 745-751.

75. HPA (2011). Reported outbreaks of *Bacillus* spp. 1992-2010. Health Protection agency.

76. Hue L.T., Dambar K.B. and Chris W.M. (2014). Thermal inactivation parameters of spores from different phylogenetic groups of *Bacillus cereus*. *Int. J. Food Microbiol.* In press.

77. INSP (2010). Info-santé. Bulletin d'information de santé publique, Algérie.

78. INVS (2011). Surveillance des toxi-infections alimentaires collectives. Données de la déclaration obligatoire.

79. Jääskeläinen E. (2008). Assessment and control of *Bacillus cereus* emetic toxin in food. Helsinki University.

80. Jääskeläinen E.L., Teplova V., Andersson M.A., Andersson L.C., Tammela P., Andersson M.C., Pirhonen T.I., Saris N.E.L., Vuorela P. and Salkinoja-Salonen M.S. (2003). In vitro assay for human toxicity of cereulide, the emetic mitochondrial toxin produced by food poisoning *Bacillus cereus*. *Toxicol. Vitro.* 17, 737-744.

81. Jackson S.G., Goodbrand R.B., Ahmed R. and Kasatiya S. (1995). *Bacillus cereus* and *Bacillus thuringiensis* isolated in a gastroenteritis outbreak investigation. *Lett. Appl. Microbiol.* 21, 103-105.

82. Janstova B. and Lukasova J. (2001). Heat resistance of *Bacillus* spp. spores isolated from cow's milk and farm environment. *Acta Vet. Brno.* 70, 179-184.

83. Johnson K.M., Nelson C.L. and Busta F.F. (1982). 'Germination and Heat Resistance of *Bacillus cereus* Spores from Strains Associated

with Diarrheal and Emetic Food-borne Illness. *J. Food Sci.* 47, 1268-1271.

84. JORADP N°35, 1998 modifiant et complétant l'arrêté du 23 juillet 1994, relatif aux critères microbiologiques de certaines denrées alimentaire.

85. Kumar S., Tamura K. Nei M. (2004). MEGA3: Integrated software for Molecular Evolutionary Genetics Analysis and sequence alignment. *Brief. Bioinform.* 5, 150-163.

86. Laca A., Mousia Z., Dıaz M., Webb C. and Pandiella S.S. (2006). Distribution of microbial contamination within cereal grains. *J. Food Eng.* 72, 332-338.

87. Lake R., Hudson A. and Cressey P. (2004). Risk profile: *Bacillus* spp. In rice. New Zealand Food Safety Authority. Client Report FW0319.

88. Lee H.Y., Chai L.C., Tang S.Y., Jinap S., Ghazali F.M., Nakaguchi Y., Nishibuchi M. and Son R. (2009). Application of MPN-PCR in biosafety of *Bacillus cereus* s.l. for ready-to-eat cereals. *Food Control.* 20, 1068-1071.

89. Lelamer O. and Rousselin X. (2011). Marché du blé dur - Monde, Europe, France. Les études de FranceAgriMer, Paris, 44p.

90. Logan N.A. (2011). *Bacillus* and relatives in foodborne illness. *J. Appl. Microbiol.* 112, 417-429.

91. Mafart P., Couvert O., Gaillard S. and Leguérinel I. (2002). On calculating sterility in thermal reservation methods: application of the Weibull frequency distribution model. *Int. J. Food Microbiol.* 72, 107-113.

92. Mahler H., Pasi A., Kramer J.M., Schulte P., Scoging A.C., Bar W. and Krahenbuhl, S. (1997). Fulminant liver failure in association with the emetic toxin of *Bacillus cereus*. *N. Engl. J. Med.* 336, 1142-1148.

93. McSpadden G.B.B. (2004). Ecology of *Bacillus* and *Paenibacillus* spp. in Agricultural Systems. *Phytopathology.* 94, 1252-1258.

94. Merzougui S., Cohen N., Grosset N., Gautier M. and Lkhider M. (2013). Enterotoxigenic Profiles of psychrotolerant and mesophilic strains of the *Bacillus cereus* group isolated from food in Morocco. *Int. J. Eng. Res. Appl.* 3, 964-970.

95. Mikkola R., Kolari M., Andersson M. A., Helin J. and Salkinoja-Salonen M. S. (2000). Toxic lactonic lipopeptide from food poisoning isolates of *Bacillus licheniformis*. *Eur. J. Biochem.* 267, 4068-4074.

96. MMWR (2013). Surveillance for Foodborne Disease Outbreaks — United States, 1998–2008. Centers for Disease Control and Prevention. Surveillance Summaries. 62 (SSO2), 1-34.

97. Montville T.J., Dengrove R., De Siano T., Bonnet M. And Schaffner D.W. (2005). Thermal Resistance of Spores from Virulent Strains of *Bacillus anthracis* and Potential Surrogates. *J. Food Prot.* 68, 2362-2366.

98. Morancho J. (2000). Production et commercialisation du blé dur dans le monde. In: Araus JL (ed) Durum wheat improvement in the Mediterranean region: new challenges. Zaragoza, 12–14 April 2000, pp 29–34.

99. Mouffok F. (2011). Situation en matière de TIA en Algérie de 2010 à 2011. 2eme congres Maghrébin sur les TIA, Tunis le 14-15 décembre, 2011.

100. Notermans S. and Batt C.A. (1998). A risk assessment approach for food borne *Bacillus cereus* and its toxins. *J. Appl. Microbiol.* 84, 51S-61S.

101. NSW (2008). Potentially hazardous foods: Foods that require temperature control for safety. NSW/FA/CP016/0810.

102. Ouarsas L., Fasla F., Kirami M., Fathi R. and Barkia A. (2008). Investigation d'une toxi-infection alimentaire collective en milieu estudiantin a Ait Melloul, Maroc, 2006. Bulletin épidémiologique, Royaume du Maroc, ministère de la santé. ISSN 0851 8238, N° 65-66 67-68.

103. Padilla M., Hamimaz R., El Dahr H., Zurayk R. and Moubarak F. (2006). La perception des risques et de la qualité par le consommateur méditerranéen : éléments de débat autour du cas du

Maroc. The perception of risks and quality by Mediterranean consumers: elements of debate on the case of Morocco. In: Hervieu B. (dir.), Allaya M. (coord.) (eds). *Agri.Med : agriculture, pêche, alimentation et développement rural durable dans la région méditerranéenne. Agri.Med: agriculture, fishery, food and sustainable rural development in the Mediterranean region.* Paris (France): CIHEAM. p. 203-225 ; 197-220. (Rapport Annuel. Annual Report; N. 8).

104. Parry J.M. and Gilbert R.J. (1980). Studies on the heat resistance of *Bacillus cereus* spores and growth of the organism in boiled rice. *J. Hyg. Camb.* 84, 77-77.

105. Pavic S., Brett M., Petric I., Lastre D. Smoljanovic M., Atkinson M., Kovacic A., Cetinic E. and Ropac D. (2005). An outbreak of food poisoning in a kindergarten caused by milk powder containing toxigenic *Bacillus subtilis* and *Bacillus licheniformis*. *Lebensmittelhygiene.* 56, 20-22.

106. Peypoux F., Bonmatin J.M. and Wallach J. (1999). Recent trends in the biochemistry of surfactin. *Appl. Microbiol. Biotechnol.* 51, 553-563.

107. Pirhonen T., Andersson M., Jääskeläinen E., Salkinoja-Salonen M., Honkanen-Buzalski T. and Johansson T. (2005). Biochemical and toxic diversity of *Bacillus cereus* in a pasta and meat dish associated with a food poisoning. *Food Microbiol.* 22, 87-91.

108. Ponce A.G., Roura S.I., Del Valle C.E. and Fritz R. (2002). Characterization of native microbial population of Swiss chard (Beta Vulgaris, type Cicla). *LWT-Food Sci. Technol.* 35, 331-337.

109. Priest F. (1977). Extracellular enzyme synthesis in the genus *Bacillus*. *Bacteriol. Rev.* 41, 711-753.

110. REM (1999 à 2011). Situation épidémiologique de l'année 2009 sur la base des cas déclarées l'I.N.S.P. Relevés Épidémiologiques mensuels. N° 1 à 22.

111. Rogers R. F. (1978). *Bacillus* Isolates from Refrigerated Doughs, Wheat Flour, and Wheat. *Cereal Chem,* 55, 671-674.

112. Rogers R. F. and Hesseltine C. W. (1978). Microflora of wheat and wheat flour. from six areas of the united states. *Cereal Chem.* 55, 889-898.

113. Rosenkvist H. and Hansen A. (1995). Contamination profiles and characterisation of *Bacillus* species in wheat bread and raw materials for bread production. *Int. J. Food Microbiol.* 26, 353-363.

114. Rosenquist H. and Hansen A. (2000). The microbial stability of two bakery sourdoughs made from conventionally and organically grown rye. *Food Microbiol.* 17, 241-250.

115. Rosenquist H., Smidt L., Andersen S.R., Jensen G.B. and Wilcks A. (2005). Occurrence and significance of *Bacillus cereus* and *Bacillus thuringiensis* in ready-to-eat food. *FEMS Microbiol. Lett.* 250, 129-36.

116. Rosso L., Bajard S., Flandrois J. P., Lahellec C., Fournaud J. and Veit P. (1996). Differential growth of *Listeria monocytogenes* at 4 and 8°C: consequences for the shelf life of chilled products. *J. Food Prot.* 59, 944-949.

117. Rosso L., Lobry J.R., Bajard S. and Flandrois J.P. (1995). Convenient model to describe the combined effects of temperature and pH on microbial growth. *Appl. Environ. Microbiol.* 61, 610-616.

118. Rusul G. and Yaacob N.H. (1995). Prevalence of *Bacillus cereus* in selected foods and detection of enterotoxin using TECRA-VIA and BCET-RPLA. *Int. J. Food Microbiol.* 25, 131-139.

119. Saalovara H. (1998). Lactic acid bacteria in cereal-based products, in: S. Salminen, A. von Wright (Eds.), Lactic Acid Bacteria – Technology and Health Effects, seconded., Marcel Dekker, New York, pp. 115-137.

120. Salkinoja-Salonen M.S., Vuorio R., Andersson M.A., Kampfer P., Andersson M.C., Honkanen-Buzalski T. and Scoging A.C. (1999). Toxigenic strains of *Bacillus licheniformis* related to food poisoning. *Appl. Environ. Microbiol.* 65, 4637-4645.

121. Samapundo S. Heyndrickx M., Xhaferi R. and Devlieghere F. (2011). Incidence, diversity and toxin gene characteristics of *Bacillus cereus* group strains isolated from food products marketed in Belgium. *Int. J. Food Microbiol.* 150, 34-41.

122. Sambrook J., Fritsch E.F. and Maniatis T.H. (1989). *Molecular Cloning - A Laboratory Manual,* 2nd ed., Cold Spring Harbor Laboratory Press, Cold Spring Harbor, New York.

123. Sandra A., Afsah-Hejri L., Unung R., Tuan Zainazor T.C., Tang J.Y.H., Ghazali F.M., Nakaguchi Y., Nishibuchi M. and Son R. (2012). *Bacillus cereus* and *Bacillus thuringiensis* in ready-to-eat cooked rice in Malaysia. *Int. Food Res. J.* 19, 829-836.

124. Sarrias J.A., Valero M. and Salmeron M.C. (2002). Enumeration, isolation and characterization of *Bacillus cereus* strains from Spanish raw rice. *Food Microbiol.* 19, 589-595.

125. Schoeni J.L. and Wong A.C. (2005). *Bacillus cereus* food poisoning and its toxins. *J. Food Prot.* 68, 636-48.

126. SIFPAF (2012). La filière semoule, pate et couscous. Comité française de la semoulerie industrielle.

127. Sivakumar T., Shankar T., Vijayabaskar P., Muthukumar J. and Nagendrakannan E. (2012). *Amylase Production Using Bacillus cereus Isolated* from a Vermicompost Site. *Int. J. Microbiol. Res.* 3, 117-123.

128. Sorokulova I.B., Reva O.N., Simirnov V.V., Pinchuk I.V., Lapa S.V. and Urdaci MC (2003). Genetic diversity and involvement in bread spoilage of *Bacillus* strains isolated from flour and ropy bread. *Lett. Appl. Microbiol.* 37, 169-173.

129. Spicher G. (1959). Die Mikroflora des Sauerteiges. I. *Mitteilung: Untersuchungen über die Art der in Sauerteigen* anzutreffenden stäbchenförmigen Milchsäurebakterien (Genus Lactobacillus Beijerinck). Zeitblatt fur Bakteriologie II Abt, 113, 80-106.

130. Spicher G. (1986). Merkpunkte für die Beurteilung der mikrobiologisch-hygienischen Qualitat von grieβen und Dunsten. *Die Mühle & Mischfuttertechnik.* 123, 496.

131. Stenfors Arnesen L.P., Fagerlund A. and Granum P.E. (2008). From soil to gut: *Bacillus cereus* and its food poisoning toxins. *FEMS Microbiol. Rev.* 32, 579-606.

132. Sutra L., Federighi M. and Jouve J.L. (1998). Manuel de bactériologie alimentaire : *Bacillus cereus. Polytechnica.*

133. Svensson B., Monthana A., Shaheenb R., Anderssonb M.A., Salkinoja-Salonenb M. and Christianssona A. (2006). Occurrence of emetic toxin producing *Bacillus cereus* in the dairy production chain. *Int. Dairy J.* 16, 740-749.

134. Te Giffel M.C. (2001). Spore-formers in foods and the food processing chain. *Med Fac Landbouww Univ Gent.* 66, 517-522.

135. Ueda S. (1994). *An* ecological study *of Bacillus cereus* associated with food poisoning. *J. Antib. Antif. Agents.* 22, 77-83.

136. Valdramidis V.P., Geeraerd A.H., Bernaerts K. and Van Impe J.F. (2008). Identification of non-linear microbial inactivation kinetics under dynamic conditions. *Int. J. Food Microbiol.* 128, 146-152.

137. Valerio F., De Bellis P., Di Biase M., Lonigro S.L., Giussani B., Visconti A., Lavermicocca P. and Sisto A. (2012). Diversity of spore-forming bacteria and identification of *Bacillus amyloliquefaciens* as a species frequently associated with the ropy spoilage of bread. *Int. J. Food Microbiol.* 156, 278-85.

138. Valerio F., Favilla M., De Bellis P., Sisto A., De Candia S. and Lavermicocca P. (2009). Antifungal activity of strains of lactic acid bacteria isolated from a semolina eco system against *Penicillium roqueforti*, *Aspergillus niger* and Endomyces fibuliger contaminating bakery products. *Syst. Appl. Microbiol.* 32, 438-448.

139. Valero M., Hernandez-Herrero L.A. and Giner M.J. (2007). Survival, isolation and characterization of a psychrotrophic *Bacillus cereus* strain from a mayonnaise-based ready-to-eat vegetable salad. *Food Microbiol.* 24, 671-677.

140. Valero M., Hernandez-Herrero L.A., Fernandez P.S. and Salmeron M.C. (2002). Characterization of *Bacillus cereus* isolates from fresh vegetables and refrigerated minimally processed foods by biochemical and physiological tests. *Food Microbiol.* 19, 491-9.

141. Wang L.T., Lee F.L., Tai C.J. and Kasai H. (2007). Comparison of gyrB gene sequences, 16S rRNA gene sequences and DNA–DNA hybridization in the *Bacillus subtilis* group. *Int. J. Syst. Evol. Microbiol.* 57, 1846-1850.

142. Weisburg W.G., Barns S.M., Pelletier D.A. and Lane D.J. (1991). 16S ribosomal DNA amplification for phylogenetic study. *J. Bacteriol.* 173, 697-703.

143. Yusuf I.Z., Umoh V.J. and Ahmad A.A. (1992). Occurrence and survival of enterotoxigenic *Bacillus cereus* in some Nigerian flour-based foods. *Food Control.* 3, 149-152.

144. Zweifel C., Zychowska M.A. and Stephan R. (2004). Prevalence and characteristics of Shiga toxin-producing *Escherichia coli*, *Salmonella* spp. and *Campylobacter* spp. isolated from slaughtered sheep in Switzerland. *Int. J. Food Microbiol.* 92, 45-53.

# ANNEXES

# ANNEXES I (1)

## (Circulaire N°1126/MSP/DP/SDPG… du 17 Novembre 1990)

**ANNEXE II – CIRCULAIRE N° 1126 /MSP/DP /SDPG... DU 17 NOVEMBRE 1990**

Relevé des maladies à déclaration obligatoire

Village de : ..................
Secteur Sanitaire de : ..........
CHU de : ..................
Hôpital spécialisé de : ........
Code : ..................

Unité Sanitaire : ..................
Service : ..................
Autre : ..................
Adresse : ..................

Date : ..................

| N° | DATE | NOM ET PRENOM | AGE | SEXE | | ADRESSE | MALADIES (en toute lettre) | OBSERVATION |
|---|---|---|---|---|---|---|---|---|
| | | | | M | F | | | |

NOM ET QUALITE DU SIGNATAIRE

FAIT A .............. LE ..............

Signature du Médecin

# ANNEXES I (2)

## (Circulaire N°1126/MSP/DP/SDPG… du 17 Novembre 1990)

**ANNEXE IV — CIRCULAIRE N° 1126 /MSP/DP /SDPG... DU 17 NOV. 1990**

Relevé des maladies à déclaration obligatoire notifiées par le laboratoire

Date : ...............

Ville de : ...............
CHU ou Hôpital spécialisé de : ...............
...............
Secteur Sanitaire de : ...............
Nom et adresse du laboratoire : ...............
...............

| N° D'ENREGIS-TREMENT | DATE DU PRELEVEMENT | NATURE DU PRELEVEMENT | TYPE D'EXAMEN | NOM, PRENOM ET ADRESSE DU MALADE | AGE | RESULTAT DE L'EXAMEN |
|---|---|---|---|---|---|---|
| | | | | | | |

# ANNEXES I (3)

## (Circulaire N°1126/MSP/DP/SDPG… du 17 Novembre 1990)

ANNEXE V – CIRCULAIRE N°1126/MSP/DP/SDPG... DU 17 NOV. 1990

Relevé mensuel des maladies à déclaration obligatoire confirmées par le laboratoire

Village de : ..................
Secteur Sanitaire de : ..................
CHU ou Hôpital spécialisé de : ..................
Nom et adresse du laboratoire : ..................

| N° | NOM ET PRENOM | ADRESSE | AGE | SEXE | MODE DE CONFIRMATION | GERME EN CAUSE | EVOLUTION |
|----|---------------|---------|-----|------|----------------------|----------------|-----------|
|    |               |         |     |      |                      |                |           |

# ANNEXES II

## (Arrêté N° 179/MS/CAB du 17 Novembre 1990)

## Liste des Maladies à Déclaration Obligatoire (MDO) en Algérie

- Nombre : Trente deux (32) maladies infectieuses
- Elles sont groupées en fonction de leur mode de transmission
- Liste :
  - Choléra
  - Fièvre typhoïde et paratyphoïde
  - Dysenteries amibienne et bacillaire
  - Toxi-infections alimentaires collectives
  - Hépatites virales
  - Diphtérie
  - Tétanos
  - Coqueluche
  - Poliomyélite
  - Rougeole
  - Méningite cérébro-spinale
  - Autres méningites non tuberculeuses
  - Tuberculose
  - Paludisme
  - Leishmaniose cutanée
  - Leishmaniose viscérale
  - Kyste hydatique
  - Rage
  - Charbon
  - Brucellose
  - Bilharziose
  - Lèpre
  - Leptospirose
  - Urétrite gonococcique
  - Urétrite non gonococcique
  - Syphilis
  - Infection par le virus de l'immunodéficience humaine (HIV)
  - Typhus exanthématique
  - Autres rickettsioses (fièvre boutonneuse méditerranéenne)
  - Peste
  - Fièvre jaune
  - Trachome

# ANNEXE III

## (Journal officiel de la république Algérienne démocratique N°35)

TABLEAU XII
CRITERES MICROBIOLOGIQUES DES PRODUITS DESHYDRATES NON REPRIS
DANS LES TABLEAUX PRECEDENTS ET AUTRES PRODUITS DIVERS

| PRODUITS | n | c | m |
|---|---|---|---|
| 1. **Epices et plantes arômatiques séchées :** | | | |
| — germes aérobies à 30° C | 5 | 2 | $10^5$ |
| — moisissures | 5 | 2 | $10^3$ |
| — *Escherichia coli* | 5 | 2 | 10 |
| — *Salmonella* | 5 | 0 | absence |
| 2. **Fruits secs (dattes, figues, pruneaux, raisins secs...) :** | | | |
| — levures osmophiles | 5 | 2 | 10 |
| — moisissures | 5 | 2 | $10^2$ |
| — *Escherichia coli* | 5 | 2 | 3 |
| 3. **Céréales en grains :** | | | |
| — moisissures | 5 | 2 | $10^2$ |
| — clostridium sulfito-réducteurs à 46° C | 5 | 2 | $10^2$ |
| 4. **Produits de mouture (semoules, farines) et pâtes alimentaires :** | | | |
| — moisissures | 5 | 2 | $10^2$ |
| — clostridium sulfito-réducteurs à 46° C | 5 | 2 | $10^2$ |
| 5. **Dérivés de céréales (biscuits, biscottes, pâtes aux œufs...) :** | | | |
| — germes aérobies à 30° C | 5 | 2 | $10^3$ |
| — *Escherichia coli* | 5 | 2 | 3 |
| — *Staphylococcus aureus* | 5 | 2 | $10^2$ |
| — moisissures | 5 | 2 | $10^2$ |
| — *Salmonella* (1) | 5 | 0 | absence |

Oui, je veux morebooks!

# I want morebooks!

Buy your books fast and straightforward online - at one of the world's fastest growing online book stores! Environmentally sound due to Print-on-Demand technologies.

Buy your books online at

# www.get-morebooks.com

Achetez vos livres en ligne, vite et bien, sur l'une des librairies en ligne les plus performantes au monde!
En protégeant nos ressources et notre environnement grâce à l'impression à la demande.

La librairie en ligne pour acheter plus vite

# www.morebooks.fr

SIA OmniScriptum Publishing
Brivibas gatve 1 97
LV-103 9 Riga, Latvia
Telefax: +371 68620455

info@omniscriptum.com
www.omniscriptum.com

Printed by Books on Demand GmbH, Norderstedt / Germany